深層学習とメタヒューリスティクス

Deep Learning と Metaheuristics

《ディープ・ニューラルエボリューション》

伊庭斉志［著］
Iba Hitoshi

本書に掲載されている会社名・製品名は、一般に各社の登録商標または商標です。

本書を発行するにあたって、内容に誤りのないようできる限りの注意を払いましたが、本書の内容を適用した結果生じたこと、また、適用できなかった結果について、著者、出版社とも一切の責任を負いませんのでご了承ください。

本書は、「著作権法」によって、著作権等の権利が保護されている著作物です。本書の複製権・翻訳権・上映権・譲渡権・公衆送信権（送信可能化権を含む）は著作権者が保有しています。本書の全部または一部につき、無断で転載、複写複製、電子的装置への入力等をされると、著作権等の権利侵害となる場合があります。また、代行業者等の第三者によるスキャンやデジタル化は、たとえ個人や家庭内での利用であっても著作権法上認められておりませんので、ご注意ください。

　本書の無断複写は、著作権法上の制限事項を除き、禁じられています。本書の複写複製を希望される場合は、そのつど事前に下記へ連絡して許諾を得てください。

出版者著作権管理機構
（電話 03-5244-5088, FAX 03-5244-5089, e-mail：info@jcopy.or.jp）

JCOPY ＜出版者著作権管理機構 委託出版物＞

2 章

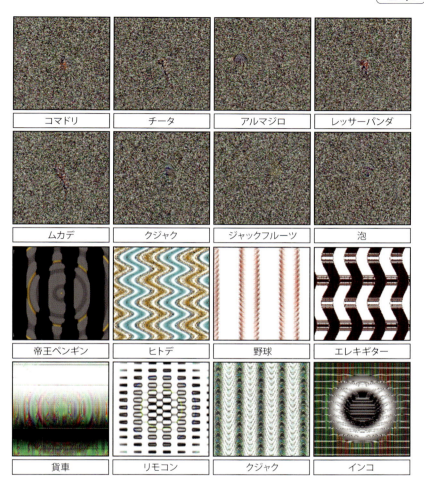

■ 図 2.9：深層学習モデルをだます画像（40 ページ）

3章

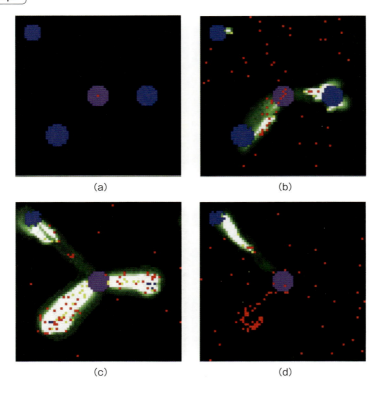

■図 3.2：アリのフェロモントレイル（45 ページ）

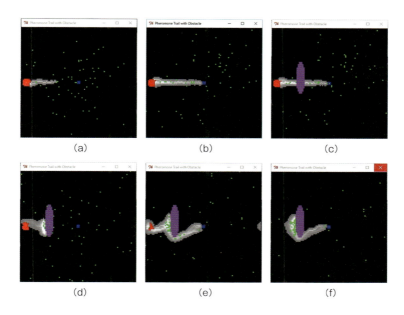

■ 図 3.3：障害物を置いてみた（46 ページ）

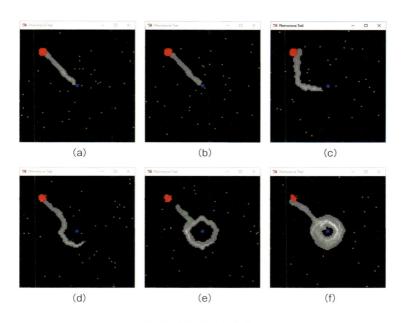

■ 図 3.5：死の行進（50 ページ）

v

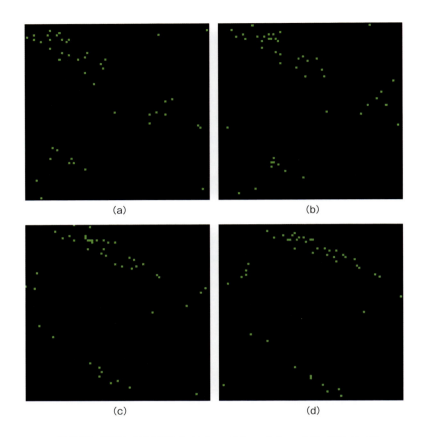

■ 図 3.20：単純なボイドの動き（(a) ⇒ (b) ⇒ (c) ⇒ (d)）（63 ページ）

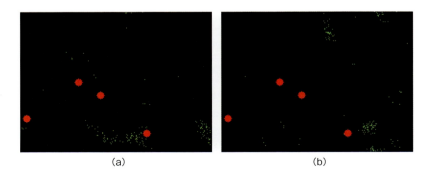

■ 図 3.21：ボイドが障害物を避ける様子（(a) ⇒ (b)）（63 ページ）

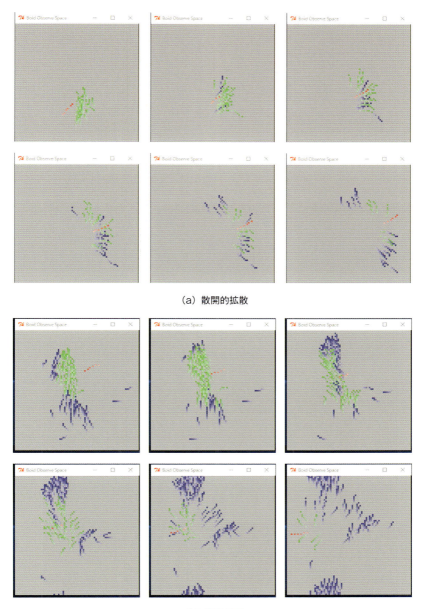

(a) 散開的拡散

(b) 湧出効果

■ 図 3.30：シミュレータでの動作例（逃避行動）（75 ページ）

4章

■ 図 4.3：ミステリーサークル（2019 年、奄美大島）（92 ページ）

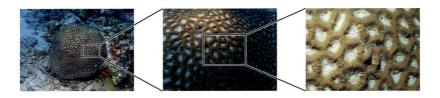

■ 図 4.4：サンゴ（Favia favus）におけるボロノイ図の例（2018 年、フィリピン、アニラオ）（92 ページ）

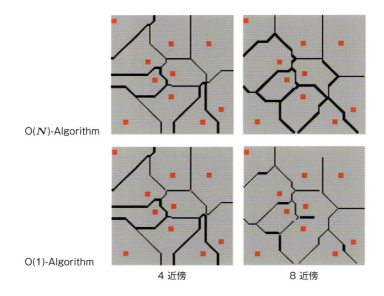

O(N)-Algorithm

O(1)-Algorithm

4 近傍　　　　　　　8 近傍

■ 図 4.9：10 点に対するボロノイ図（99 ページ）

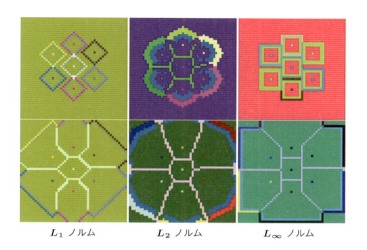

L_1 ノルム　　L_2 ノルム　　L_∞ ノルム

■ 図 4.10：ノルムによる伝搬の違い（六角形の場合）（99 ページ）

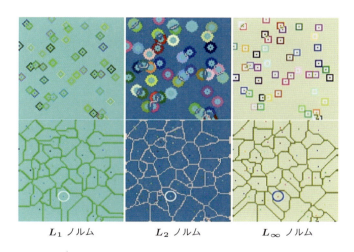

L_1 ノルム　　L_2 ノルム　　L_∞ ノルム

■ 図 4.11：ノルムによる伝搬の違い（ランダム点の場合）（100 ページ）

ix

■ 図 4.12：サンゴの細線化（100 ページ）

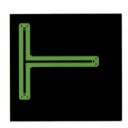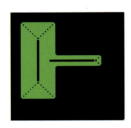

■ 図 4.13：反応拡散計算による細線化過程（103 ページ）

（a）もとの文字　　　　　（b）中間段階　　　　　（c）最終段階

■ 図 4.14：反応拡散計算による細線化過程（その 2）（103 ページ）

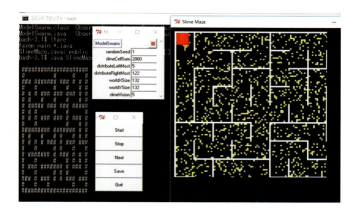

■ 図 4.17：粘菌による迷路探索のシミュレータ（108 ページ）

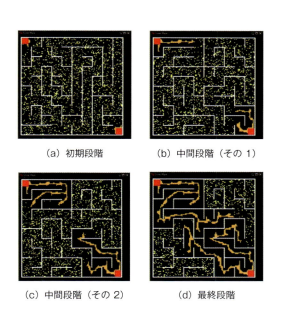

　　（a）初期段階　　　　（b）中間段階（その 1）

　　（c）中間段階（その 2）　　（d）最終段階

■ 図 4.18：粘菌による迷路の探索過程（108 ページ）

5章

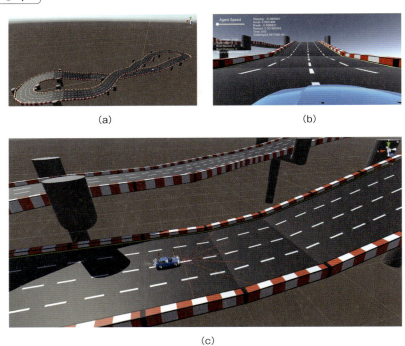

■図 5.3：レーシングカーの学習（115 ページ）

■図 5.6：ヘリコプタの操縦（117 ページ）

まえがき

本ではなく、自然を調べよ。

（ルイ・アガシー）

　本書は、深層学習（ディープラーニング）とメタヒューリスティクスに関する解説書です。近年のディープラーニングや機械学習の勃興には目を見張るばかりです。毎日のようにそれらを応用した AI 技術がニュースや SNS で喧伝されています。一方で、学習のフレームワークがブラックボックス化され、専門家でないユーザは深い理解をせずに使用していることも多々あります。そのため、うまくいった要因は何か、うまくいかない場合にどのように対処すべきか、さらに改良するにはどうすればよいかが必ずしも明らかではありません。特に、ディープラーニングを利用する際のハイパーパラメータ、ネットワーク構造、ノードの操作関数などを適切に設計するのは容易ではなく、専門家であっても職人技的な試行錯誤を繰り返しているのが現状です。

　こうした困難を改善するため、メタヒューリスティクスを用いてディープラーニングの学習を向上させる「ディープ・ニューラルエボリューション」が提案され、盛んに研究されています。本書では、進化計算などのメタヒューリスティクスとディープラーニングについての基礎から、ニューロ進化における最新のアプローチまでを具体例を挙げてわかりやすく説明します。

　また単に技法のみではなく、メタヒューリスティクスへの批判的議論についても紹介します。日ごろから筆者は、温故知新、亡羊の嘆、羊頭狗肉、牛刀割鶏などの用語を使って研究の哲学を若い学生に教えています。その真意がどこまで伝わっているのかはわかりませんが、メタヒューリスティクス批判と同様の議論は近年の AI 研究全般にもあてはまるでしょう。今後はぜひこのようなメタ研究（研究の研究）における建設的議論が盛んになることを期待しています。

　本書で説明するいくつかのトピックについては、プログラムのソースコードや GUI の実行システムが筆者の研究室ホームページの「書籍サポート」リンクから

xiii

ダウンロード可能になっています。興味があれば読者は自ら実験して、メタヒューリスティクスやニューロ進化を試してください。

東京大学・大学院情報理工学系研究科・電子情報学専攻・伊庭研究室
http://www.iba.t.u-tokyo.ac.jp/

　本書のもとになったのは、筆者の大学での「人工知能」や「シミュレーション学」などの講義ノートです。これらの講義では、創造力を必要とする課題を毎回出題しています。学生はかなり苦労しているようですが、中には感銘を受ける内容のレポートもあり、筆者はそれらを読むのを楽しみにしています。本書では、こうしたレポート課題に対する解答例・考察のいくつかを加筆・修正して利用しています。ここでは全員のお名前を挙げることはできませんが、面白いレポート作成に尽力してくれた受講生のみなさまに深く感謝します。

　筆者がかつて所属していた学生時代の研究室（東京大学大学院・工学系研究科・情報工学専攻・井上博允研究室）や電子技術総合研究所（ETL：Electrotechnical Laboratory）の方々との AI をめぐる哲学的で楽しい議論が本書の中核となっているのは間違いありません。この機会に先生方と先輩・後輩および東京大学大学院・情報理工学系研究科・電子情報学専攻・伊庭研究室のスタッフのみなさまに深く感謝申し上げます。

　研究遂行上有益な情報を与えてくださる共同研究の方々の御協力がなければ、本書のいくつかの内容は存在しなかったでしょう。特に、（株）モバイルインターネットテクノロジーの白土良一氏、伊藤宏氏、武富香麻里氏は、Mind Render の記述と AI 技術導入において尽力してくださいました。さらに、（株）ティーアンドエスの横島伸氏、二階堂羊司氏、坂部俊郎氏は、実験環境を提供してくださるとともに、X 線データの技術的詳細について教えてくださりました。また、同じ電子情報学専攻の山崎俊彦先生は One pixel attack の研究資料を提供してくださりました。以上の方々に厚くお礼を申し上げます。

　これまでの著作と同じように、本書でも現場主義を貫いています。自然の写真は、水中ナチュラリスト（PADI DM, 1000+ dives）である筆者が自らの足で稼いで撮ってきたものです。最近ではネットでほとんどの画像が手に入るので「何を物好きな」と言う人もいますが、やはり自然には一見の価値があり学ぶことは少

なくありません。冒頭のルイ・アガシー（アメリカの地質学者・古生物学者、1807年–1873年）の言葉は、実物を自分の眼で見て考えることの大切さを説いたものです。今であれば、「ネットの2次資料に頼るな」と言い換えられるでしょう。特にメタヒューリスティクスは生物や物理現象をモデルとしているので、この分野の研究には自然現象から知見を探る慧眼も必要です。読者もたまにはPCやスマートフォンを手放して、本物の迫力を実感してもらえれば幸いです。

　最後に、いつも研究生活を陰ながら支えてくれた妻由美子、子供たち（滉基、滉乃、滉豊）に心から感謝します。

2019年10月　神々の島にて

伊庭　斉志

目　次

まえがき xiii

第 1 章　AI のための進化論　　　　　　　　　　　　　　1

1.1 創発する知能 2

1.2 進化を計算するアルゴリズム 6

1.3 進化と学習を考える 19

第 2 章　深層学習とディープラーニング　　　　　　　27

2.1 CNN と過学習 28

2.2 ニューラルネットワークをだまそう 32

第 3 章　メタヒューリスティクス　　　　　　　　　　43

3.1 メタヒューリスティクスとは？ 44

3.2 アリと死の行進 44

3.3 ミツバチのささやき：ABC アルゴリズム 51

3.4 PSO：輪になって踊ろう 58

3.5 カッコウの巣の上で：Cuckoo Search 74

3.6 ハーモニーのセッション：Harmony Search 79

3.7 蛍の光：Firefly Algorithm 81

3.8 好奇心はネコを殺す：Cat Swarm Optimization 85

第4章 生物らしい計算知能 89

4.1 反応拡散という知能 90

4.2 拡散律速凝集とは？ 103

4.3 スライムという知能 104

第5章 ニューロ進化と遺伝子ネットワーク 111

5.1 ニューロ・ダーウィニズムとは？ 112

5.2 ニューラルネットワークの進化 113

5.3 レーシングカーとヘリコプタを動かそう 115

5.4 NEAT と hyperNEAT 119

5.5 遺伝子ネットワークとは何か？ 123

5.6 ヒューマノイドロボットを動かそう 126

第6章 ディープ・ニューラルエボリューション 141

6.1 ディープラーニングの難しさ 142

6.2 CNN の遺伝子たち：Genetic CNN 142

xvii

目　次

6.3	ニューロ進化を攻撃的に促進しよう	148
6.4	進化的な特徴階層の構築	156
6.5	ノイズ除去のニューロ進化：DPPN	159
6.6	転移学習	164
6.7	危険物を探知する AI	165
6.8	メタヒューリスティクス再考	178

参考文献	181
索引	193

第 **1** 章

AIのための進化論

人類の知性は、
進化の過程を通じて思考力を持たない遺伝的プログラムが
打ち立てたすばらしい手柄だと考えられている。
（アントニオ・ダマシオ）

第 1 章　AI のための進化論

1.1　創発する知能

　進化とは何でしょうか？　おそらく多くの人は進化というと、**図 1.1** のようなイメージを思い浮かべるでしょう。これは広告や生物の解説書で、現在でも使われているイラストです。

　オーストラリアのタスマニアに、ハンドフィッシュ（手の付いた魚[*1]）と呼ばれる珍しい魚がいます。アンコウの仲間の種ですが、絶滅危惧種のレッドリストに掲載されています。この魚は文字通り海中を泳ぐのではなく、そのヒレを地面に這わせながら歩きます（**図 1.2**）。これはまさに図 1.1 の進化過程で魚が陸上に上がる証拠であり、シーラカンスのような生き残りと思われています。魚と陸上

■ 図 1.1：進化の誤ったイメージ

■ 図 1.2：ハンドフィッシュ（2017 年、オーストラリア、タスマニア）

[*1]　Handfish、学名：Brachionichthyidae

生物をつなぐミッシングリンクと言えるかもしれません。

　なおタスマニアは、進化論において有名なタスマニア効果でも知られています。タスマニア島は、1万年ほど前にオーストラリア大陸から地殻変動などで切り離されました。18世紀にヨーロッパ人が訪れたとき、タスマニア人は人類史上最も単純な道具しか持っていなかったと言われています。これはタスマニアの人口が少なかったため、前世代からの技術の伝達が不完全となり、テクノロジーが失われていったからです。このことから、人口がある水準以下になると文明が衰退するという仮説をタスマニア効果と言います。また、タスマニアデビルというフクロネコ科の固有種は、ガンの腫瘍が噛み合いによって個体から個体に移りやすいことがわかっています。通常の動物では、異なるリンパ球間で排除されるため感染することはありません。タスマニアデビルは狭い島での交配を繰り返した結果、抗原の遺伝的な多様性が低くなり、伝染性のガンに対抗するすべを失ったのです [5]。

　進化は進歩（＝最適化）という誤解は広く流布されています。たとえば、Googleで「種の進化」というキーワードで検索してみると、図1.1のような画像が数多く見つかるでしょう。スティーブン・ジェイ・グールド*2はこのような図を、誤った考えを助長するものとして批判しています。人間は最も「高等」な生物や進化の終着点ではなく、他の生物も決して劣っているわけではありません。あえて言うなら、地球上で最も新しく進化した種は、人間ではなく、ウィルスやバクテリアです。つまり、進化的な意味で歴史上最も繁栄している生物はバクテリアである、とグールドは述べています。

　もっとも、進化はまったくのランダムな探索でもありません。過去の部品から何らかの準最適なものを作り上げる構成装置です。ただし、目指すのは最適性ではなくて頑強性であることに注意してください。

　自然選択による進化が起きるには、次の4つの条件が必要だとされています [10]。

- 同じ種の中で個体間に変異が存在する。
- この変異は遺伝する。
- 生存可能な数を上回る子供が生まれる。
- 個体の死はランダムによらない。

---

*2　Stephen Jay Gould（1941–2002）：アメリカの古生物学者であり進化生物学者。アメリカの科学雑誌『ナチュラル・ヒストリー』誌に毎月エッセイを書き、それをまとめた多数の著書はベストセラーとなっている。同じ進化論の研究者でありながら、著名な著述家・生物学者であるリチャード・ドーキンスとは論敵であった。

第 1 章　AI のための進化論

たとえばマンボウは卵を数億個産みますが、大人になるのはそのうち 2、3 匹だと言われています。多数の子供の中では、環境に適した形質を持つものほど生き残りやすくなります。もしその形質が遺伝するなら、適した形質を持った個体が増えていきます。そして長い時間がたてば、種全体が優れた形質を持つように進化してきます。

　進化計算は進化のメカニズムをもとにした計算手法です。望ましい進化[*3]を実現するためには、次のような項目が重要です。

- 集団性
- 多様性
- 共進化

最初の「集団性」とは、集団でないと進化は起こらない、ということです。しばしばニュースにあるような個人や企業が進化したというのは間違いです。

　第 2 の点について考えてみます。集団内にさまざまな成員がいます。これを多様性と呼びます。進化では、集団中で成績のよいものをより多産で生き残りやすいようにします。しかしながら、成績のよいエリートばかりを常に集めておけばよいわけではありません。こうすると、環境が変化した場合にその集団全体が落ちぶれることがあります。エリート集団からは同じような子孫しか生まれず、現時点の環境では確かに成績はよいが新しい状況への適応能力がしばしば欠けているからです。このような性質（環境の変化やノイズに対して弱いこと）を工学的には「頑強性がない」と呼び、できるだけ避けるのが望ましいのです。したがって、ある意味ではとんでもない奴や落第者の存在を許すのがよいことになります。彼らは通常は無駄飯喰らいかもしれませんが、あるときには救世主になりうるからです。このように、進化は必ずしも最適値を探索するのではなく、環境においてより生き残りやすいような頑強さを目指しているのです。

　第 3 の点はより身につまされるものです。われわれは一人では生きてはいけません。各個体の価値はそれ自身では決まらず、他の人々、もっと言うと帰属する社会や歴史、文化などから相対的に決まります。これと同じように、進化型システムでの集団中の各成員も他の個体の振る舞いによってその適合度（生き残りやすさ）が決まります。つまり共進化とは、相互に影響を与えながら 2 種以上の生

[*3]　以下で述べるように、進化は必ずしも何らかの最適化を目指すものではなく、環境に対して頑強な（robust）ものを設計するメカニズムである。そのため、「望ましい」という工学的な観点には注意する必要がある。

物が進化することです。有名な例では、被子植物とその送粉者である昆虫は、より効率的な相互関係を確立するように進化したと言われています。花筒に対応するため、共進化によってスズメガは長い舌を持つようになったのです。長い花筒（花蜜の入った管）を持つランを見たダーウィンは、この花に大きな蛾が来てストロー状の長い口吻で花筒の中の蜜を吸うと予想しました。40年後、この予想は口吻の長いスズメガの発見により実証されました（**図 1.3**）。

(a) マダガスカルの切手（1985年） (b) 長い口吻を持つキサントパンスズメガ

■ 図 1.3：ダーウィンの予言

フランスの文化人類学者・クロード・レビ＝ストロース[*4]は、『野生の思考』（1962年）の中で、「ブリコラージュ」と呼ばれる概念を提唱しました。これは、余りものや端切れを使って本来の目的とは関係なく役立つ道具を作ることで、人類が古くから持っていた知のあり方です。ブリコラージュは、寄せ集めてものを自分で作ったり、修繕することを意味します。レビ＝ストロースは、近代以降の西洋的なエンジニアリング思考を「栽培された思考」と呼び、ブリコラージュが近代社会にも通用する普遍的な知性だとしました **[5]**。本書で説明する進化計算やメタヒューリスティクスはブリコラージュの例とも考えられます。

次節では進化計算の具体例をいくつか説明します。

[*4] Claude Lévi-Strauss（1908–2009）：フランスの社会人類学者。構造主義の祖とされる。未開社会の神話の持つ構造が数学における群論の変換群と類似することや、未開の人々が独自の思考を持つことを明らかにし、従来の西洋中心的な歴史観を批判した。

第 1 章　AI のための進化論

1.2　進化を計算するアルゴリズム

1.2.1　進化計算

　進化計算は、生物の進化のメカニズムをまねてデータ構造を変形、合成、選択する工学的手法です。この方法により、最適化問題の解法や有益な構造の生成を目指します。その代表例が、遺伝的アルゴリズム（Genetic Algorithms：GA）と遺伝的プログラミング（Genetic Programming：GP）と呼ばれる計算のアルゴリズムです。

　進化計算の基本的なデータ構造は遺伝学の知見をもとにしています。以下ではこれについて簡単に説明しましょう。

　進化計算で扱う情報は、PTYPE と GTYPE の 2 層構造からなっています。GTYPE（遺伝子コードとも言い、細胞内の染色体に相当する）は遺伝子型のアナロジーで、低レベルの局所規則の集合です。これが後述する進化計算のオペレータの操作対象となっています。PTYPE は表現型（発現型）であり、GTYPE の環境内での発達に伴う大域的な行動や構造の発現を表します。環境に応じて PTYPE から適合度（fitness）が決まり、選択は PTYPE の適合度に依存します（**図 1.4**）。なおしばらくは、適合度は大きい数値をとるほどよいとしましょう。したがって、適合度が 1.0 と 0.3 の個体では、前者のほうが環境により適合し生き残りやすくなります（ただし、本書の他の部分では小さい数値のほうがよい場合もあります）。

　この表現をもとに、進化計算の基本的なしくみを説明しましょう（**図 1.5**）。何匹かの魚がいて集団を構成します。これを世代 t の魚としましょう。この魚は各々 GTYPE として遺伝子コードを有し、それが発現した PTYPE に応じて適合度が決まっています。適合度は図では四角の中の数値として示されています（大きいものほどよいことを思い出してください）。これらの魚は生殖活動を行い、次の世代 $t+1$ の子孫を作り出します。生殖に際しては、適合度のよい（大きい）ものほどよりたくさん子孫を作りやすいように、そして適合度の悪い（小さい）ものほど死滅しやすいようにします（これを生物学用語で「選択」もしくは「淘汰」と言います）。図では、生殖によって表現型が少し変わっていく様子が模式的に描かれています。この結果、次の世代 $t+1$ での各個体の適合度は前の世代よりもよいことが期待されます。そして、集団全体として見たときの適合度が上がっているでしょう。同様にして、$t+1$ 世代の魚たちが親となって $t+2$ 世代の子孫を生み

1.2 進化を計算するアルゴリズム

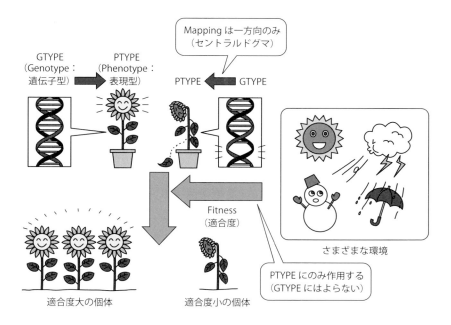

■図 1.4：GTYPE と PTYPE

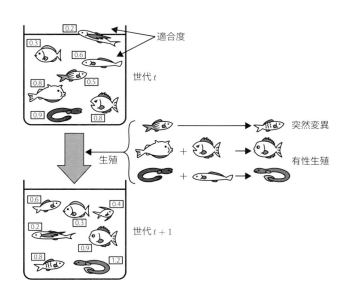

■図 1.5：進化計算のしくみ

ます。これを繰り返していくと、世代が進むにつれ次第に集団全体がよくなっていく、というのが進化計算の基本的なしくみです。

最適化を主に目的とするGAでは、生殖の際には、GTYPEに対して**図1.6**に示す遺伝的オペレータが適用され、次の世代のGTYPEを生成します。ここではわかりやすくするために、GTYPEを1次元の配列として表現しています。各オペレータは生物における遺伝子の組換え、突然変異などのアナロジーです。これらのオペレータの適用頻度、適用部位は一般にランダムに決定されます。

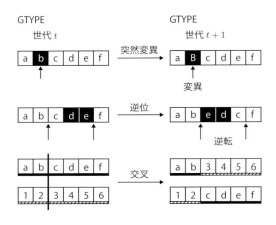

■ 図1.6：遺伝子操作の例

通常、選択に関しては以下のような方法が用いられています。

- ルーレット選択：適合度に比例した割合で個体を選択する方式。適合度に比例した面積を有するルーレットを作り、それを回して当たった場所の個体を選択する。
- トーナメント選択：集団の中から個体をある数（トーナメントサイズ）だけランダムに選び出し、その中で適合度の最も高い個体を選択する。この過程を集団数が得られるまで繰り返す。
- エリート戦略：適合度の高い個体のいくつかをそのまま次の世代に残す。適合度の高い個体が偶然選択されずに死滅することを防ぐことができる。この戦略は上の2つと組み合わせて用いられる。

エリート戦略では、環境が不変なら世代交代をしても成績が悪くなりません。そのため、工学的応用の際にしばしば用いられます。しかしながら、その一方で多様性が失われるので注意が必要です。

以上をまとめると、進化計算での世代交代は**図 1.7** のようになります。図中の G はエリート率（コピーして残す成績上位個体の割合）です。$1 - G$ のことを生殖率と呼ぶことがあります。

進化計算は、わたしたちの暮らしのさまざまな場面で活用されています。たと

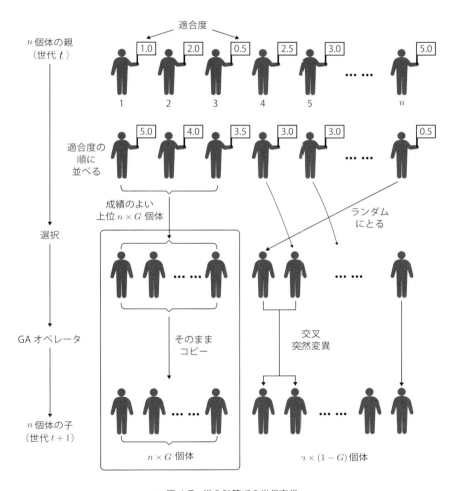

■ 図 1.7：進化計算での世代交代

第 1 章　AI のための進化論

えば新幹線のモデル N700 系の先頭車両設計では、独特の形（フォルム）を作る上で大きな役割を果たしています。また、国産初のジェット機である MRJ（三菱リージョナルジェット）の翼の設計においては、多目的進化計算と呼ばれる手法が用いられました。この手法により、ジェット旅客機の燃費効率の向上と機外騒音の低減という 2 つの目標を同時に最適化し、競合機よりも性能を改善することに成功しています。

　工業以外の分野では、金融業界でも進化論的計算手法の利用は広がっています。欧米では実用的な技術として投資ファンドなどが利用し、ポートフォリオの構築や市場予測を行っています。また、看護師の勤務シフトの最適化や航空機のクルー配置などのスケジューリング設計においても実用化されています。

　さらに進化計算を利用した進化型ロボットと呼ばれる分野では、生物の進化の秘密を探求しつつ、その工学的応用も視野に入れた研究が重ねられています（5.6 節も参照）。たとえば、NASA（アメリカ航空宇宙局）でも、火星の極限状態の中で、探査に最適なロボットの形態を研究する目的で使われている技術です。われわれが知っている生物の姿は、たまたま地球上に生き残った種だけかもしれません。地球環境に合った姿ではあるでしょうが、最適かどうかはわかりません。進化計算によって、コンピュータ上で進化の過程を再現していけば、われわれが知らない別の形が出てくるかもしれません。その結果、火星や未知の惑星に適したロボットが進化する可能性があるのです。

1.2.2　進化戦略

　ヨーロッパ（特にドイツ）において、GA と同じような考え方の研究グループが古くから活動していました。この一派は Evolutionary Strategy（以下 ES と略す）と呼ばれています。初期の ES は、GA とは次の 2 点で異なっていました [72]。

1.　オペレータとして突然変異を主に用いる。
2.　実数値表現を扱う*5。

ES の各個体は、$(\boldsymbol{x}, \boldsymbol{\sigma})$ のように 1 組の実数ベクトルとして表されます。ここで $\boldsymbol{x}$ は探索空間の位置ベクトルであり、$\boldsymbol{\sigma}$ は標準偏差ベクトルです。このとき、突然変異は次のように表されます。

---

*5　実数値を扱う進化計算は統計理論と関連してさまざまな手法が提案されている。

$$\boldsymbol{x}^{t+1} = \boldsymbol{x}^t + N(\boldsymbol{0}, \boldsymbol{\sigma}) \tag{1.1}$$

ただし、$N(\boldsymbol{0}, \boldsymbol{\sigma})$ は平均 $\boldsymbol{0}$、標準偏差 $\boldsymbol{\sigma}$ のガウス分布に従う乱数です。

初期の ES では、一個体からなる集団で探索を行っていました。この場合、突然変異によってできた子孫（上式の $\boldsymbol{x}^{t+1}$）は、親（$\boldsymbol{x}^t$）よりも適合度がよくなっているときのみ新しい集団のメンバーとして採用します。

ES は GA と異なり交叉の影響がないため、定量的研究がそれほど困難ではありません。そのため、突然変異率の効果などが数学的に解析されています [84, 90]。たとえば、収束性に関する定理が証明されました [25]。また、収束率を最適にするための「$\frac{1}{5}$ 規則」も提案されています。ここで「$\frac{1}{5}$ 規則」とは、「成功する突然変異の割合を $\frac{1}{5}$ にせよ。もしもこの割合が $\frac{1}{5}$ より大きい（小さい）ならば、$\boldsymbol{\sigma}$ を大きく（小さく）せよ。」というものです。実際には、過去 k 世代の成功する突然変異の割合 $\varphi(k)$ を観測し、

$$\boldsymbol{\sigma}^{t+1} = \begin{cases} c_d \times \boldsymbol{\sigma}^t, & \text{if } \varphi(k) < 1/5, \\ c_i \times \boldsymbol{\sigma}^t, & \text{if } \varphi(k) > 1/5, \\ \boldsymbol{\sigma}^t, & \text{if } \varphi(k) = 1/5, \end{cases} \tag{1.2}$$

により突然変異を制御します。特に文献 [90] では $c_d = 0.82$, $c_i = 1/0.82$ を採用しています。この規則の直観的な意味は、「もし成功するならば探索をより大きな歩幅で続けよ。さもなくば歩幅を縮めよ。」というものです。

やがて ES は複数個体の集団による探索手法として拡張されました。この場合、上述の突然変異オペレータのほかに、交叉オペレータ、平均オペレータ（2 つの親ベクトルの平均をとるオペレータ）などが導入されました。さらに GA と異なり、ES では選択方式として次の 2 種類の方法を用います。

1. $(\mu + \lambda) - ES$
   μ 個体からなる親の集団が、λ 個体の子を生成する。合計 $(\mu + \lambda)$ 個体の集団の中から μ 個体を選択して次世代の親とする。
2. $(\mu, \lambda) - ES$
   μ 個体からなる親の集団が、λ 個体の子を生成する（ただし $\mu < \lambda$）。λ 個体の集団の中から μ 個体を選択して次世代の親とする。

一般に、$(\mu, \lambda) - ES$ のほうが、時間により変化する環境や、ノイズのある問題に

第 1 章　AI のための進化論

対してよい成績を与えるとされています。

　ES はさまざまな最適化問題に応用され [70]、またその後実数値以外の問題にも適用されるようになりました [49]。ES に関しての文献や GA との比較については、文献 [26, 72] を参照してください。

1.2.3　差分進化

　差分進化（DE：Differential Evolution）[101] とは、進化論的計算手法のうちの一手法です。差分進化でも、進化戦略と同様に実数値表現を扱います。

　差分進化の世代交代の手順は以下のようになっています。

Step1　各世代の各個体（x）について、ランダムに相異なる個体（a, b, c）を集団から選択する。

Step2　以下の式 (1.3) に従い、新しい個体（d）を作り出す。

$$d = c + F(\text{定数}) \times (a - b) \tag{1.3}$$

Step3　x と d を二項交叉させ、新しい個体 x' を作り出す。

Step4　x と x' の適合度を比較して、適合度の高いほうを次の世代に残す。

　二項交叉は基本的には一様交叉ですが、少なくとも 1 つの遺伝子座が x から受け継がれます。より形式的には以下のようになります。

$$x'_t = \begin{cases} x_t & r(t) \leq C_r \text{ または } t = rn(i) \text{ のとき} \\ d_t & r(t) > C_r \text{ かつ } t \neq rn(i) \text{ のとき} \end{cases} \tag{1.4}$$

ここで、t の下付き文字は各ベクトルの t 番目の要素を示します。$r(t) \in [0, 1]$ は t 番目の要素に対する一様乱数です。この値が C_r よりも小さいときに、親から要素を受け継ぎます。$rn(i) \in \{1, 2, \cdots, N\}$ はランダムな要素を選び出し、その要素については必ず親からの要素を受け継ぐようにします。分割可能な関数に対しては $0 \leq C_r \leq 0.2$ が、そうでない場合には $0.9 \leq C_r \leq 1$ が推奨されています [82]。

　世代交代を繰り返すことで、集団としての適合度は上昇していきます。そして最終的には、望ましい適合度を持つ個体が現れたところで繰り返しを終了します。

　差分進化については、

1.2 進化を計算するアルゴリズム

Gcrossover

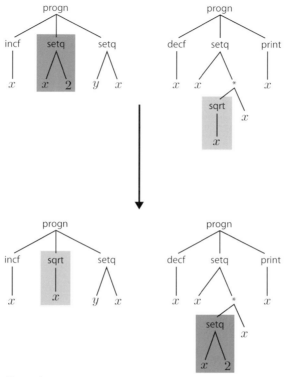

Gmutation

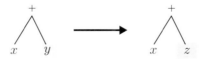

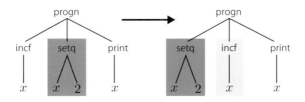

■ 図 1.8：GP の遺伝的オペレータ

第 1 章　AI のための進化論

■表 1.1：GP オペレータによる表現型の変化

オペレータ	適用前のプログラム	適用後のプログラム
突然変異	x と y を加える	x と z を加える
逆位	1. x に 1 を加える 2. x に 2 を設定する 3. x（$= 2$）を印刷し、2 を返す	1. x に 2 を設定する 2. x に 1 を加える 3. x（$= 3$）を印刷し、3 を返す
交叉	親$_1$： 1. x に 1 を加える 2. x に 2 を設定する 3. y に x（$= 2$）の値を設定し、2 を返す 親$_2$： 1. x から 1 を引く 2. x に $\sqrt{x} \times x$ の値を設定する 3. x の値を印刷し、その値を返す	子$_1$： 1. x に 1 を加える 2. x の平方根をとる 3. y に x の値を設定し、その値を返す 子$_2$： 1. x から 1 を引く 2. x に 2 を設定し、その値（$= 2$）に x の値（$= 2$）を掛けた値（$= 4$）を再び x に設定する 3. x の値（$= 4$）を印刷し、4 を返す

　このオペレータの適用によってプログラムがどのように変化したかを**表 1.1** にまとめました。なお、progn は引数を順番に実行する関数であり、最後に評価した引数の値を返します。また、setq 関数は第 1 引数の値を第 2 引数の評価値に設定します。表から、突然変異がプログラムの動作をわずかに変化させること、交叉が各親の部分プログラムの動作を交換させていることがわかります。遺伝的オペレータの作用によって、親のプログラムの性質を継承しつつ、子供のプログラムが生成されています。

　以上の遺伝的オペレータの適用は確率的に制御されます。

　GP のアルゴリズムは、遺伝的オペレータが構造的表現を操作するという点を除いて通常の GA と同一です。上述のオペレータの作用により、もとのプログラム（構造表現）が少しずつ変化します。そして GA と同様の選択操作により、目的となるプログラムを探索します。

　GP では次の 5 つの基本要素を設計することで、さまざまな応用例題への適用が可能です。

1.　非終端記号（LISP の S 式での関数）

2.　終端記号（LISP の S 式でのアトム、関数の引数となる定数や変数）

3.　適合度

4. パラメータ（交叉、突然変異の起こる確率、集団サイズなど）

5. 終了条件

このうち 3〜5 は通常の GA でも設定していました。したがって、GP で特別なのは 1 と 2 だけになります。非終端記号とは木構造を作るときに中間ノード（末端以外のノード）になるもの、終端記号とは末端のノードになるもののことです。

たとえば表 1.1 のプログラムでは、終端ノード T と非終端ノード F は次のようになります。

$$T = \{x, y, z\}$$

$$F = \{+, \text{progn}, \text{incf}, \text{decf}, \text{setq}, \text{sqrt}, \text{print}\}$$

GP の初期化の際には、これらの T と F からランダムにノードを選んで GTYPE（＝木構造のプログラム）を生成します。

CGP（Cartesian genetic programming）[73] は Miller らによって提案された GP の一手法です。CGP はフィードフォワード型のネットワークで木構造を表現します。あらかじめすべてのノードを遺伝子型に記述しておき、その接続関係を最適化する手法です。このようにすることで、GP のブロート（bloat）の問題[*7]に対応します。さらに、部分木を再利用することで、木構造をコンパクトに表現できます。

CGP のネットワークは、入力ノード、中間ノード、出力ノードの 3 種類から構成されます。**図 1.9** には n 入力、m 出力、中間層が $r \times c$（r ノード、c 層）であるような CGP の構成を示しています。ここで、同じ列のノードの結合は許されていません。また、フィードフォワード型になるように制限されています。つまりループはありません。

CGP では遺伝子型に 1 次元の数字列を用います。これらは、中間ノードの関数型と接続方法、および出力ノードの接続方法を記述します。通常、すべての関数が最大の引数を入力として有し、利用されない接続を無視します。たとえば、2 入力、4 出力、中間層 2×3 の CGP 構成について、次のような遺伝子型を考えましょう。

<u>0 0 1</u>　<u>1 0 0</u>　<u>1 3 1</u>　<u>2 0 1</u>　<u>0 4 4</u>　<u>2 5 4</u>　　2 5 7 3

---

*7　GP の探索過程で木構造が大きくなりすぎる傾向のこと。遺伝操作、特に交叉（部分木の交換）に起因するとされる。

第 1 章 AI のための進化論

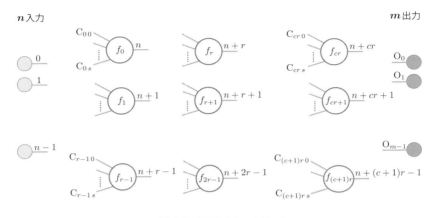

■図 1.9：CGP のネットワーク

関数記号の番号（上の下線部分）としては、0、1、2、3がそれぞれ加算、減算、乗算、割り算に相当します。このときの遺伝子型に相当するネットワークは**図 1.10**のようになります。たとえば最初のノード 0 の入力は、入力 0 と入力 1 であり、加算が関数型です。5 番目のノード（0 4 4）では出力がどこにも使われていないため、遺伝子としてイントロン（非発現領域、non-coding region。図 5.13 参照）となっていることに注意してください。

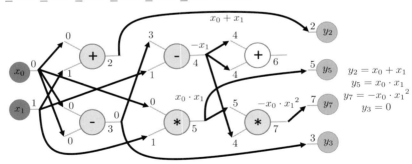

■図 1.10：遺伝子型と表現型の例

1.3 進化と学習を考える

現在の AI の中心的テーマの 1 つは学習です。ここでは進化と学習の関係を考えましょう。

「進化」と「学習」の関係には非常に興味深い問題が含まれています。それは「ラマルク説」と「ボールドウィン効果」と呼ばれているものです。

よく知られているように、ラマルク[*8]は次のような説を唱えました。

> 生物は環境に応じて、よく使用する器官は代を重ねるにつれて発達し、反対に使用しなくなった器官は次第に縮小、退化する。

これを用不用説と呼びます。具体的な例として、キリンの例が有名です（**図 1.11**）。キリンの首がなぜ長くなったのかについては、いくつかの謎が残されています。用不用説による説明は次のようになります。

用不用説：キリンは高いところの葉をとって食べるため、つねに首を伸ばしていたので首が長くなった。この形質が子孫に遺伝され、同様な生活を繰り返すうちに首は次第に長くなっていった。

自然選択説：キリンの祖先は普通の長さの首の動物であったが、生まれた子のなかで少しでも首が長いとより葉を食べやすいため生存競争に生き残り、代々少しずつ首の長い変異種が生き残るので長い首のキリンとなった。

■ 図 1.11：ラマルク進化とダーウィン進化

[*8] Jan-Batist Lamark (1744–1829)：フランスの博物学者。脊椎動物と対置して「無脊椎動物」の名を与えた。さらに「生物学」（biologie）という用語を初めて使った。

第 1 章　AI のための進化論

> キリンは餌にする樹木の若葉を次第に高いところに求めて首を伸ばす。この
> ような習性を、種族の全個体が長期間にわたって繰り返し続けた結果、キリ
> ンの前肢と頸部は次第に長くなった。

　ラマルク説では生物は徐々に進化し、猿から人間に進化していくようなイメー
ジとなります（図 1.1 も参照）。このようなラマルクの進化論は、「獲得形質の遺
伝」に基礎を置くものです。人間を含む生物の性質は遺伝子によって特徴付けら
れています。一方で、生得的なものばかりではなく、学習を通じて新たな性質を獲
得することもできます。こうして得られた性質のことを獲得形質と呼びます。た
とえば、息をするという性質が遺伝的なものであるならば、訓練の結果速く走れ
るようになったという性質は獲得形質です。

　しかし、その後の遺伝学の研究によって、獲得形質の遺伝は完全に否定されてい
ます[*9]。ラマルクは、生物が進化するという事実について明確に考察した生物学
者としては、ダーウィンに次ぐ重要な地位を占めていますが、その学説自体は正
しくありませんでした。それにもかかわらず、ラマルクの説は多くの学者によっ
て検討されてきました。このことは、獲得形質の遺伝という考え方（特にキリン
の例）は、よほどわれわれの直感に訴えるからでしょう。

　では、学習と遺伝はまったく無関係なのでしょうか。獲得形質自体は遺伝しな
いものの、生物にとって重要な要素である学習が、進化（遺伝）にまったく関係
がないとは思えません。このことに言及した説がボールドウィン効果です。この
効果は、1986 年に心理学者ジェームズ・ボールドウィンが述べたものです[27]。

　ボールドウィン効果は以下のように要約できます。

> 獲得形質自体は決して遺伝しないが、見方によっては表面上、獲得形質が遺
> 伝しているように見える。そして、そこには学習の要素が密接に絡んでいる。

　ここで、「学習の能力をつかさどる遺伝子」というものを仮定しましょう。学習
は生物が生き残る上できわめて重要なため、より学習できる生物では生存率が高
くより多くの子孫を残せるでしょう。その結果、学習の能力をつかさどる遺伝子
の頻度は増加するはずです。この遺伝子は生物学的に存在するものなのでしょう

---

*9　図 1.4 のセントラルドグマが獲得形質の遺伝の否定に相当する。

1.3 進化と学習を考える

か。現時点では、具体的にどの部分が学習をつかさどっているか、明確にわかっているわけではありません。しかし数々の事実から推測すると、そうした遺伝子の存在は確実であるとされています。

このような「学習」の可能性があった場合に、学習した内容が遺伝子レベルに組み込まれ、ラマルク効果が発生したように見えるという現象を「ボールドウィン効果」と呼びます。これには次の2つの段階があるとされています。

- 第1段階：適応的形質が学習可能なことからメリットを得た個体が集団中に広まる。
- 第2段階：学習にかかるコストがより小さい（つまり、より生得的に適応的形質を獲得した）個体が集団に広まる。

このように学習のメリットとコストのバランスが進化の方向性や速度に与える影響が議論されています。なお、第2段階は遺伝的同化（genetic assimilation）と呼ばれています。遺伝的同化が生じる原因としては、働かないで眠っていた遺伝子が何かのきっかけで発現するとも言われています。

まとめると「ボールドウィン効果」とは次のようになります。

獲得形質そのものが遺伝するわけではないが、小さな突然変異の蓄積と学習、環境の変化の組み合わせにより、表面上獲得形質が遺伝し、学習することなく遺伝的に特定の能力を獲得したように見えることがある。

ただし、学習する能力を持つものが生き残ることと、その中で学習すべき能力を生まれながらにして（遺伝的に）持つ個体が増えることとの相関については、いまだ議論がなされています。しかし、学習が生物の進化に一定の役割を果たしていることは数々の実験により示されています。

では、簡単な例で異なる進化を比べてみましょう。ここではナップザック問題（Knapsack problem）という最適化を考えてみます。これは次のような問題です（**図 1.12**）。

■ 図 1.12：ナップザック問題

> あなたは明日遠足を控えている。そのために荷造りをしているとしよう。持っていきたいものはたくさんあって、全部を持っていくことはできない。ナップザックが小さいのである。また、あまりにも重すぎる荷物は持っていけない。このとき、どのようなものを持っていけばいいのであろうか。

日常生活でもこれとよく似た状況が頻繁に発生します。ナップザック問題を定式化すると次のようになります。

> N 個のものがあり、各々の重さ w_i と価値 p_i が決まっている。またナップザックには重量制限 W があって、これより重い荷物は詰め込めない。このとき、価値の和が最大になるように N 個のものから選んでナップザックに詰め込む方法を求めよ。

つまり、数学的に言えば、

$$T \subseteq \{1, 2, \cdots, N\} \tag{1.5}$$

$$\sum_{i \in T} w_i \leq W \tag{1.6}$$

を満たす $\{1, 2, \cdots, N\}$ の部分集合の中で $\sum_{i \in T} p_i$ を最大にする T を求めよ、ということです。最適解を求める 1 つの方法は、すべての解候補を生成してその中での価値の総和の最大値を求めるものです。この方法は全解探索あるいは列挙法（enumeration method）と呼ばれています。全解探索では必ず正解が得られます。しかし、実用的には使えません。その理由は、実際的な問題では解候補が莫大な数になるからです。たとえば $N = 10$ 個のものがあるときを考えると、解候補の数は $2^{10} = 1{,}024 \approx 10^3$ となります。$N = 100$ 個では $2^{100} = 1{,}024^{10} \approx 10^{30}$ にもなります。どんな高速なコンピュータを使ったとしても、10^{30} 個の解候補を試すのは大変です。たとえば 1 秒間に 10 万個の解を試せたとしても、全体で $10^{30}/10^5 = 10^{25}$ 秒 $\approx 3.17 \times 10^{17}$ 年かかります。したがって、より効率的な解法が必要となります。なお計算理論的に言えば、ナップザック問題は NP 完全と呼ばれる困難な問題であることがわかっています。

ナップザック問題の例を**表 1.2** に示します[10]。

■表 1.2：ナップザック問題の例

問題		値
P07	重さ 価値	70, 73, 77, 80, 82, 87, 90, 94, 98, 106, 110, 113, 115, 118, 120 135, 139, 149, 150, 156, 163, 173, 184, 192, 201, 210, 214, 221, 229, 240
	容量 最適値	750 1458 (1, 0, 1, 0, 1, 0, 1, 1, 1, 0, 0, 0, 0, 1, 1)
P08	重さ	382745, 799601, 909247, 729069, 467902, 44328, 34610, 698150, 823460, 903959, 853665, 551830, 610856, 670702, 488960, 951111, 323046, 446298, 931161, 31385, 496951, 264724, 224916, 169684
	価値	825594, 1677009, 1676628, 1523970, 943972, 97426, 69666, 1296457, 1679693, 1902996, 1844992, 1049289, 1252836, 1319836, 953277, 2067538, 675367, 853655, 1826027, 65731, 901489, 577243, 466257, 369261
	容量 最適値	6404180 13549094 (1, 1, 0, 1, 1, 1, 0, 0, 0, 1, 1, 0, 1, 0, 0, 1, 0, 0, 0, 0, 1, 1, 1)

---

[10] KNAPSACK_01 Data for the 01 Knapsack Problem のホームページ https://people.sc.fsu.edu/~jburkardt/datasets/knapsack_01/knapsack_01.html から。

第 1 章 AI のための進化論

　GA における GTYPE は単純に 0 と 1 の配列（バイナリ列）です。ナップザックに入れる荷物を順序付けて、対応する GTYPE の要素が 1（0）ならばその荷物をナップザックに入れる（入れない）ことを意味します。

　適合度はナップザックに入っている品物の価値の総和とします。ただし、ナップザックの容量を超えた場合は 0 です。以下の実験でのパラメータは、集団数は 50、エリート数 2、突然変異率 0.05 とし、トーナメント方式と二点交叉を採用しています。

　ラマルク型とボールドウィン型においては、次のように学習（局所探索）を実現します。

● ランダムに GTYPE で 0 となっている荷物を選ぶ。
● この荷物をナップザックに入れても容量を超えないなら、その GTYPE を 1 にする。
● 上の操作をある程度繰り返して、0 から 1 に変更できる GTYPE が見つからなかったら終わる。

　この操作はランダムに荷物を選んでいるので、必ずしも最適に荷物を入れ直していないことに注意してください。その意味で局所探索となっています。

　ボールドウィン型では、各個体の GTYPE に対して上の学習で見つかった局所最適解での価値の総和を適合度とし、GTYPE はそのままとします（獲得形質は遺伝しない）。ラマルク型では、ボールドウィン型と同様に適合度を求めて、GTYPE も学習で見つかった局所最適解に置き換えます（獲得形質は遺伝する）。

　図 1.13 には、それぞれの進化で P08 について問題を解いた様子を示します。ここでは世代ごとの最良適合度を示しています。ラマルク型が一番早く最適解に到達し（4,840 世代）、次にボールドウィン型が到達します。ダーウィン型は 500 世代では最適解には到達していません。この問題に関しては、ラマルク型の GA が最も効率がよいことがわかります。

　次に、P07 の問題に対して異なる進化の性能を比較してみましょう。**表 1.3** には、集団サイズを 50 および 500 とした場合の 50 世代までに得られた解候補の理論値との差を示しています。異なる初期集団から進化を 100 回繰り返したときの平均値です。カッコ内は実行時間（秒）の平均値です。小さな集団サイズ（50）では、ボールドウィン型が最もよくなっています。これは、標準型に比べて探索が早く、ラマルク型よりも局所解に陥りにくいからでしょう。計算時間では標準型

24

1.3 進化と学習を考える

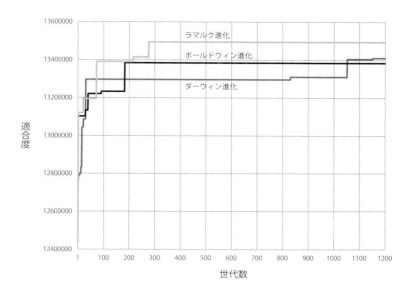

■ 図 1.13：ナップザック問題に対するさまざまな進化

■ 表 1.3：異なる進化の比較

	理論値とのずれ 50 個体、50 世代	理論値とのずれ 500 個体、50 世代	正解世代数の平均
ダーウィン型	22.77　（1.26 秒）	37.33　（14.03 秒）	2187.84　（1.88 秒）
ボールドウィン型	11.99　（11.43 秒）	9.24　（121.08 秒）	2217.71　（3.42 秒）
ラマルク型	13.71　（11.52 秒）	17.18　（115.29 秒）	681.76　（0.95 秒）

がボールドウィン型、ラマルク型より 10 倍近く早くなっています。局所解探索の学習をしないので当然と言えます。集団数を増やして 500 とすると、ボールドウィン型では成績がよくなりましたが、標準型とラマルク型では逆に局所解に陥り、精度が悪くなりました。

次に探索の世代数を増やしてみましょう。表の右欄は最適解を得るまでの世代数の平均値です。ここからラマルク型の優秀さがわかります。実行時間で見ると、ラマルク型がダーウィン型の 0.5 倍、ボールドウィン型の 0.27 倍で最適解に到達しています。一方、ボールドウィン型はかえって時間がかかる結果となりました。

以上の実験から、進化と学習の差は性能の違いを生み出すことがわかります。なお、ここでの結果は問題に依存します。また、局所探索の作成方法にも依存することに注意してください。必ずしもラマルク型が一番よいとは限りません。

第 **2** 章

深層学習とディープラーニング

画家のエル・グレコは、人物画を描くとき、
ことのほか細長くするという評判を得ていました。
その理由は、彼の視覚に欠陥があって、そのため、
あらゆるものが縦方向に引き伸ばされて見えたからではないかと言われています。
あなたはそれがもっともらしい理論だと思いますか？
（ピーター・メダワーが考えたオックスフォード大学・動物学教室の面接試験問題 [13]）

第 2 章　深層学習とディープラーニング

2.1 CNN と過学習

　従来のニューラルネットワークを画像処理や文字認識に適用した場合には、学習したデータ（文字や画像）に対して、平行移動、回転や歪めた文字や画像でテストすると成績が悪いという欠点がありました。これは入力データのトポロジー（位相的特徴）を無視して、生のデータのみで学習が行われるからです。

　CNN（convolutional neural networks：畳み込みニューラルネットワーク）はこの欠点を解決するために提案されました。CNN は、視覚皮質には LGN–V1–V2–V4–IT 階層として知られる局所的に敏感でかつ方向選択的な神経細胞が存在する、という神経生理学の知見に基づいています。CNN の起源は、福島によるネオコグニトロン [18] にあるとされています。また、初期のモデルとして LeNet [67] があります。

　CNN は多層のフィードフォワード・ニューラルネットワークの一種ですが、画像の位相的特徴を抽出することができます。学習はバックプロパゲーションで行われます。CNN はほとんど前処理をせずに、ピクセル・イメージから直接視覚のパターンを認識するように設計されています。しかも、手書き文字のように極端な変化のあるパターンにも対応できます。

　図 2.1 に CNN の構成を示します。畳み込み層（C 層）とプーリング層（S 層）が繰り返される構造となっています。

- C 層：特徴抽出をする畳み込み層
- S 層：シフト・歪みに対する位相的不変を実現するプーリング層

　各層は、前の層からのパターンを統合したり平滑化したりして結合します。典型的には、大きな画像を局所的な変形に頑強な少数の特徴に圧縮します。本章の冒頭に引用した面接問題では、画家（エル・グレコ）の視覚認識のニューラルネットワーク（CNN）には縦方向への引き伸ばしに相当する層（特徴変換）があるとされています[*1]。

　C 層は、入力画像の同じ特徴を異なる場所で検知します。このために、ある特徴に関する全ニューロンは同じ重みを共有します（ただし、バイアス値は違う）。こうして、全ニューロンが入力の異なる位置での同じ特徴に反応します。もしも特徴写像

---

*1　本問題への解答を章末で説明する。

28

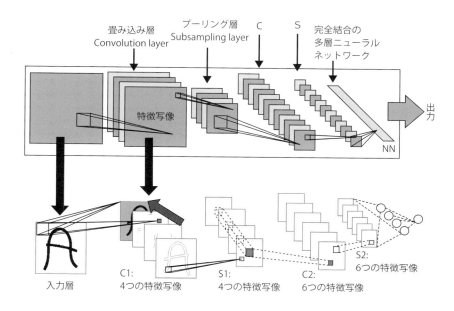

■ 図 2.1：CNN の構成

におけるあるニューロンが発火すれば、テンプレート（特徴抽出のためのパターン）にマッチしたことになります。ここでは畳み込みという処理を行います（**図2.2**）。

　畳み込みとは、ある関数を平行移動しながら別の関数に重ねて足し合わせる二項演算のことです。2次元画像の処理においては、もとの画像のピクセル値に重み行列（フィルター、マスク、カーネルなどと呼ばれる）を掛けて和をとることに相当します。これにより、もとの画像を滑らかにしたり、シャープにしたりすることができます。フィルターとしては通常 3×3 程度の小さいサイズを用いて、ある画素とその近傍の値で畳み込みを行います。この処理は、各画素で並列に行えるため非常に高速です。C層には畳み込みの結果を書き込みます。そのために各種のフィルターを用意して、複数の特徴写像を生成します（**図2.3**）。

　S層では、特徴写像の空間解像度を減らします。それにより、ある程度のシフトや歪みへの頑強さを獲得できます。目的は、意味的に似ているような特徴をまとめることです。この層でも重みの共有が適用され、それによりノイズの効果を減らすことができます。S層では、データの圧縮と平滑化を行います。つまり、S層の入力に小さな平行移動などの変化があっても、C層の出力が変化しないような頑強性を実現します。通常は、重なりのないパターンに対する平均か最大の値

第 2 章　深層学習とディープラーニング

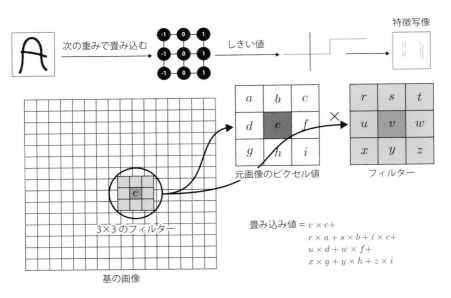

■ 図 2.2：畳み込み

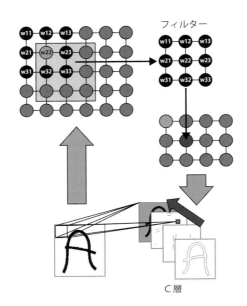

■ 図 2.3：畳み込み層のはたらき

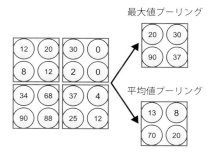

■ 図 2.4：プーリング層の例

を求めます。この処理は、S 層のニューロンの出力を集めて（プールして）C 層の出力とすることから、プーリング層とも呼ばれます（**図 2.4**）。

通常、これらの2層は学習ではなく人手で作りこみます。そのあとで、訓練データを用いて教師ありの学習を行います **[67]**。そのため、入力データにはある程度の規則性や連続性が要求されます。実世界の画像はこのような静的な特徴を有し、統計的な特徴が連続していることが期待されます。

図 2.1 に示した CNN の処理を再び見てみましょう。入力画像は3つの学習可能なフィルターとバイアスで畳み込まれ、C1 層での4つの特徴写像を生成しています。特徴写像の4ピクセルのそれぞれのグループが重み付きでバイアス値とともに加えられ、シグモイド関数を通じて S1 層での4つの特徴写像を生成します。これらは再びフィルターがかけられて、C2 レベルを生成します。S1 と同じように S2 を生成し、最後にこれらのピクセル値が通常のニューラルネットワークに入力として与えられます。

CNN を利用して、大量の画像からの人の顔やネコなどの高レベルの特徴を抽出する学習が試みられています **[66]**。また、ImageNet と呼ばれる高解像度の画像ライブラリの 120 万個のデータを 1,000 の異なるクラスに分類するタスクが、CNN で行われています **[64]**。このネットワークは 650,000 個のニューロンと 6,000 万のパラメータからなり、5 層の畳み込み層[*2]と、ソフトマックス活性化関数[*3]を

[*2] そのうち 1、2、5 番目の層が最大値プーリングにつながる。

[*3] ソフトマックス活性化関数は $f_i(x_1, \cdots, x_d) = \frac{\exp(x_i)}{\sum_j \exp(x_j)}$ $(i = 1, \cdots, d)$ で定義される。ただし、d は層のユニット数である。ニューラルネットワークの出力層に用いられる。活性関数の出力値は確率として解釈ができ、入力の差を際立たせる特徴がある。

第 2 章　深層学習とディープラーニング

有する 3 層の完全結合層から構成されています。出力層は分類すべきクラス数の
1,000 個のノードからなります。

　AI における学習では、過学習（over-generalization）がしばしば問題となります。これは、教師あり学習を行った場合、テスト例に対して正しく答えを出力できなくなる現象です。ディープラーニングでも、訓練例の成績は優れているが、テスト例の成績（汎化能力）が向上しないことがあります。過学習を抑えるために、以下に述べるような手法が利用されます。これらは正規化法と呼ばれます。

- データ増強：もとの画像からやや小さめの画像をランダムに切り取り、平行移動や鏡像などをして訓練数を増やす。さらに RGB を多少変更した画像を作成する[*4]。
- ドロップアウト：ランダムに（0.5 の確率で）隠れ層のノードの出力を 0 にする。このノードはこれより先の出力に寄与しないため、バックプロパゲーションに参画しない。こうして入力が与えられるたびに異なる構造で学習が行われる。
- 重みの低減：重みが大きいと過学習が起きやすいため、大きくならないようにペナルティを課す。L2 ノルム正規化（重みの各要素の 2 乗を足し合わせたものをペナルティとする）がしばしば用いられる。

　過学習は、データ点よりも当てはめるパラメータが多すぎたとき（適用すべきモデルが複雑すぎたとき）に起こります。もとの探索空間が大きすぎて汎化できないときには、正規化法によって取り扱い可能な複雑さを持つような部分空間に学習を制限します。

2.2 ニューラルネットワークをだまそう

　生成モデルとしての深層学習は、近年非常に興味深い結果を出しています。特に Goodfellow らが 2014 年に提案した Generative Adversarial Network（GAN）[41] により、それまで生成モデルとして知られていた Variational Autoencoder に比べ、はるかに明瞭な画像を生成することが可能となり、その後も Deep convolutional

---

[*4]　データ集合から RGB 値の主成分分析を行い、その主軸を中心にしてランダムに変換するので、もとの自然な画像の重要な特性を保存するようになっている。

generative adversarial network (DCGAN) [83]、Variational Autoencoder with GAN（VAEGAN）[65] など、さまざまなバリエーションが提案されています。

DCGAN は、GAN を画像生成に特化させる形で拡張した生成モデルです。GAN では学習データセットの分布を事前に与えず、分布の形状自体を判別器（Discriminator）と生成器（Generator）と呼ばれる学習機に学習させることで、学習データセットと見分けがつかないようなデータを生成する生成器を獲得します。生成器には一様分布などからサンプルされた乱数 z が入力され、これを種として画像 x を生成します。生成器の学習には判別器が用いられます。これは入力が学習データセット由来か、生成器の生成したデータかを判別する分類子（classifier）となっています。DCGAN では、判別器は通常の CNN を、生成器は z からスタートする逆方向の CNN を用います。GAN の考え方は 4 ページで説明した共進化とも関連するものです。また、一般に GAN の性能は不安定であり、調整にはかなりの工夫が必要とされます。そのため、進化計算や空間ゲーム*5を用いて GAN を改良する興味深い方法も提案されています [32, 108, 110]。

ディープラーニングは意外にもだまされやすく、不適切な学習をしている可能性もあります。たとえば Zhang らの研究 [120] では、CIFAR10 データセット（145 ページ参照）のラベル（クラス名）やピクセル値をランダムに変えて学習を行いました。具体的には次の方法を比較しました。

● 真のラベル：もとの修正なしのデータセット。
● ランダムラベル：すべてのラベルをランダムに変更する。
● ピクセルのシャフル：画素位置をランダムに選び、並びをランダムに入れ替える。同じ順の入れ替えを訓練例とテスト例のすべての画像に適用する。
● ランダムピクセル：ランダムなピクセルの並べ替えを各画像に独立して適用する。
● ガウシアンピクセル：ガウス分布によりランダムにピクセル値を生成して、画像を置き換える。ガウス分布の平均と分散はもとの画像から求める。

図 2.5 は各方法での学習結果を示しています。図 2.5（a）は Inception V3*6を用いたときの学習曲線（訓練時の損失を学習ステップごとに示したもの）です。驚

---

*5　2 次元格子上に配置されたプレイヤが近傍のプレイヤと対戦するゲーム。それぞれの成績に基づいて戦略の進化が起こる。囚人のジレンマの空間ゲームが有名である [4]。

*6　ImageNet データベースで学習済みの畳み込みニューラルネットワーク [105]。

第 2 章　深層学習とディープラーニング

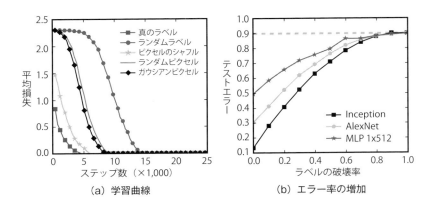

（a）学習曲線　　　　（b）エラー率の増加

■ 図 2.5：CIFAR10 のランダムラベルとランダム画素への学習結果 [120]

くべきことに、ランダムなラベル付けをしても学習が正確にできています。ランダムなラベルは画像とクラスの関係を完全に壊していることに注意してください。ピクセルをシャフルして画像の構造を壊してみたり、ガウス分布からサンプルを行ってもうまくいっています。

ランダムラベルでは、当然ながら訓練例のラベルが変更されてクラスと無相関になり、大きな予測誤差を伝搬することになり学習に時間がかかります。しかし、ラベル自体は固定で一貫していることから学習ができるのです。いったん学習が始まると、素早く正解に収束します。これはある意味で過学習とも見なせます。画素の入れ替えやガウス分布による生成のほうが、ランダムなラベル付けより早く収束します。ランダムな画素では入力が（もともと同じクラスであった）自然画像よりもさらに分離され、学習が易しいからかもしれません。

図 2.5 (b) は収束したあとのテストエラーを示します。ここではディープラーニングのモデルとして Inception [105]、AlexNet [64]、MLP（多層パーセプトロン）を用いています。訓練例のエラーは常に 0 となっているので、テストエラーは汎化のエラーとなります。ノイズレベルは 1 に近づくため、汎化のエラーは 90%[*7]に近づいていきます。

さらに 32 ページにある正規化法を行っても、ランダムなラベル付けに対して同様の成績でした。つまり、正規化法の汎化に対する影響にも限界があることがわ

[*7]　CIFAR10 は 10 クラスからなるので、ランダムな回答の正解率は 10%となる。

かりました。これらのことは、ディープラーニングにおける汎化能力を説明する従来の統計的学習理論に重要な問いかけをするものであり、今後の研究展開が期待されます。

上述の研究結果から、訓練例のピクセルの変更はテスト例の成績に影響を与えることがわかります。このようにニューラルネットワークをだまして成績を劣化させることを敵対的攻撃と呼びます。たとえば Su らは、1 ピクセルの攻撃を差分進化を用いて生成することに成功しています **[102]**。以下では、進化計算を用いた敵対的攻撃のノイズ生成に関する研究を紹介しましょう。

山崎らは画像処理を次のような問題として定式化しました **[29]**。

- 訓練例：$\boldsymbol{X}_{訓練} = \{\boldsymbol{x}_i, y_i\}$
- テスト例：$\boldsymbol{X}_{テスト} = \{\boldsymbol{x}_i, y_i\}$
- $\boldsymbol{x}$：入力画像ベクトル、y：クラス、N_c：クラス数（$y \in \{1, 2, \cdots, N_c\}$）

ここで、次のように画像にノイズを加えることを考えます。これをノイズ摂動と呼びます。

$$\boldsymbol{x}_k^{ノイズ} = \boldsymbol{x}_k + \boldsymbol{\eta}_k \tag{2.1}$$

ただし、ノイズベクトル $\boldsymbol{\eta}$ は次の条件を満たすようにします。

$$\min_{y_i \neq y_j} \max_{y_i = y_j} \sum_{i,j} <\boldsymbol{\eta}_i, \boldsymbol{\eta}_j> \tag{2.2}$$

$$\mid \boldsymbol{\eta}_i \mid_{L_0} \leq N_p \tag{2.3}$$

$$\mid \boldsymbol{\eta}_i \mid_{L_\infty} \leq \epsilon \tag{2.4}$$

$<, >$ はベクトルの内積です。ノルム L_0, L_∞ の定義は 98 ページを参照してください。式 (2.3) はノイズとして入れ替えるピクセル数の最大値を、式 (2.4) はノイズとして与えられる数値の最大値を定めます。

式 (2.2) の最適解は、同じクラス内の違いを小さくしつつ、異なるクラス間の違いを大きくするベクトルです。結果的に、クラスごとに同一であり、異なるクラス間で直交するベクトルが最適となります。したがって以下では、

$$\boldsymbol{x}_k^{ノイズ} = \boldsymbol{x}_k + \boldsymbol{\eta}^c \quad ただし\ y_k = c\ とする \tag{2.5}$$

のようなノイズベクトルを想定します。

第 2 章　深層学習とディープラーニング

　ノイズ摂動によって破壊した訓練データで学習されたニューラルネットワーク
が、学習データには適合しながらも破壊されていないテスト画像に対して高いエ
ラー率となることがあるのでしょうか？

　このような訓練データを探すために、進化計算[*8]でノイズ（の生成方法）を進
化させてみましょう。進化計算の適合度は以下の 2 つの要素からなります。

- 低い経験リスク：訓練サンプルに対する誤識別率の最小化
- 高い目標リスク：汎化誤差（テストデータへの誤答率）の最大化

通常の学習の目的は、目標リスクを最小化することです。一方、ここでは経験リ
スクの最小化のほかに目標リスクを最大化して、汎化ギャップ[*9]を最大化します。
このために確率分布間のダイバージェンス・スコア[*10]を用いています。

　進化計算に用いる遺伝子型は高次元ガウス分布のパラメータです。この分布に
従って画像のノイズベクトル η を発生させます。ノイズベクトルは画像の位置と
画素の変化値を含んでいます。進化計算の各世代では、遺伝子型として得られた
ノイズ発生パラメータにより壊れた画像を生成し、これを用いて CNN を訓練し
適合度を計算します。

　進化計算で進化した訓練データを、敵対的な攻撃を想定して訓練しました。**図 2.6**
は、250 世代までに進化したノイズ付きの訓練データ例です（異なる ϵ、N_p に対
するもの）。**表 2.1** はテスト例における分類正答率を示しています。ϵ と N_p を
増やすほど正答率は悪化します。つまり、MNIST データセット（151 ページ参
照）の場合、99％から 47％への減少、CIFAR10 データセットでは 72％から 15％
となりました。$\epsilon = 1.0$、$N_p = 20$ で正答率が最悪となっていることがわかります。
図 2.7 には、世代ごとのテストデータでの成績を示しています（MNIST に対す
る 3 回の平均）。初期世代では 61％の正答率でしたが、200 世代を過ぎると最も悪
い場合には 21％程度となります（図 2.7（a））。また、汎化ギャップは世代を経る

[*8]　この研究では、実数値 GA として CMA-ES（共分散行列適応進化戦略 **[43]**）を利用している。

[*9]　一般に、訓練誤差を最小化しても汎化誤差が最小化されるとは限らない。2 つの誤差の差を汎化ギャップ
　　　と呼ぶ。

[*10]　確率変数 x の確率分布 $p(x)$ と $q(x)$ の KL（Kullback-Leibler）ダイバージェンスは

$$KL(p(x)|q(x)) = \int_{-\infty}^{\infty} p(x) \ln \frac{p(x)}{q(x)} dx$$

　　　と表される。この値が小さいほど $p(x)$ と $q(x)$ は似ている。

2.2 ニューラルネットワークをだまそう

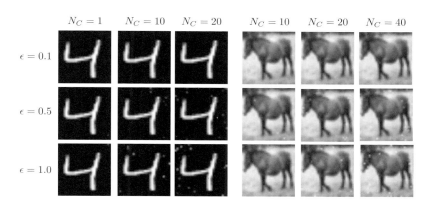

■ 図 2.6：進化で得られた画像（ϵ は式 (2.3)、N_p は式 (2.4) を参照）

■ 表 2.1：正答率の比較

	MNIST				CIFAR10		
ϵ	$N_p = 1$	$N_p = 2$	$N_p = 10$	$N_p = 20$	$N_p = 10$	$N_p = 20$	$N_p = 40$
0.01	99	99	99	99	72	70	71
0.05	99	98	82	91	71	57	40
0.1	82	87	70	47/5	33	31	27
0.5	54	73/8	64	66	19	21	15
1.0	58	66	55	52	15	17	16

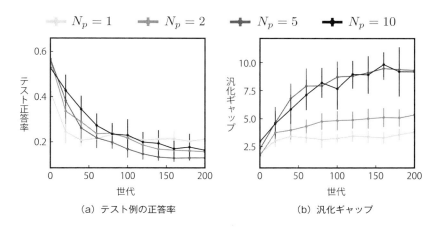

(a) テスト例の正答率   (b) 汎化ギャップ

■ 図 2.7：異なる N_p の制約によるテストデータ成績（MNIST）

につれて増大しています（図 2.7 (b)）。図 2.6 の画像で示されるように、このノイズは人間には容易に知覚できません。CIFAR100 や ImageNet のような複雑なデータセットのほうが、単純な MNIST データセットよりもだまされやすいようです。このことは、訓練画像にとって攻撃を受けやすい特定の空間的位置が存在することを意味しています。以上の研究の詳細は、文献 **[29]** を参照してください。

以下では、別の方向から深層学習モデルをだます画像や音声の生成について説明しましょう。

Nguyen たちの研究 **[79]** では、人間にとって無意味な模様でも DNN（Deep Neural Networks）には意味のある物体として認識されることを示しました。**図2.8** に示すように、物体写真（左）と模様（中央）がどちらも 99.9％の信頼度で「ギター」や「ペンギン」として DNN に認識されるのです。

進化計算によるだまし画像の生成過程は以下のようになります。

Step1 画像を遺伝子型として表現し、交叉と突然変異を起こす。
Step2 新しい画像を DNN モデルに識別させ、認識結果の信頼度を適合度に使う。
Step3 すべてのクラスに対して高い認識度を示す個体（画像）を選んで、次世代の生成に使う。

通常の進化計算では最適解を探るために、目標クラスの適合度が高いものだけを選択します。たとえば、「ギター」と認識させたい場合には、「ギター」として認

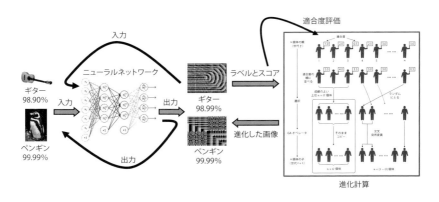

■ 図 2.8：ディープラーニングをどのようにしてだますか？

識され、かつその信頼度が高い画像を選択します。一方、だまし用の画像を生成する際には、目標クラスの認識信頼度が高い画像ではなく、目標クラスを含めた多くのクラスに対して高い信頼度を示す画像を選択します。たとえば、ギターのだまし画像を生成したい場合は、「ギター」だけで高い信頼度を示した画像より、「ギター」、「バイオリン」、「琵琶」など多くのクラスに同時に高い信頼度を示した画像を選択します。

この研究では、ピクセル単位や CPPN（Compositional Pattern-Producing Network、5.4 節参照）に基づく画像の遺伝子型を用いました。ピクセル単位の遺伝子表現では、画像ピクセルごとの灰度や（H, S, V）を遺伝子として扱います。各要素が [0, 255] 範囲内の整数となります。遺伝子長はピクセル数です。

図 2.9 は進化計算で合成されただまし画像です。人間の目では単なるノイズや模様に見えますが、ImageNet に基づいて学習させた CNN は 99.6%以上の信頼度で何らかの物体として認識しました。つまり進化の結果、ホワイトノイズや縞模様のだまし画像の生成に成功し、DNN モデルの脆弱性が示されています。

この手法を応用して、だまし音声を生成してみました **[21]**。ここでは、オリジナルな音声（自然な単語音声）に一定の処理を行って、コンピュータには認識できるが、人間には聞いてもわからない音声を合成します。実験では、進化計算を用いて誤判定音声の合成を行います。人間にはホワイトノイズにしか聞こえない音声でも、コンピュータが高い信頼度で意味のある単語として認識することを示します。

ここでの実験には Julius[*11]を使用します。Julius は音声認識システムの開発のためのオープンソースエンジンであり、汎用の大語彙連続音声認識ができます。対象語彙数 6 万語のデータベースを用いて、実時間で 90%以上の認識率を実現します。日本語認識用の音響モデルとしては、GMM（Gaussian Mixture Model）と DNN に基づく認識モデルが提供されています。

できるだけ人間に認識できないだまし音声を生成するため、上位 3 番目までの認識結果（信頼度）が同時に高い音声を選んで次世代の生成に使います。

実験では音声の MFCC 情報[*12]を進化計算の遺伝子型とします。MFCC は類似していても、人間の聴覚にはかなり異なる音声もあります。そこで、メルケプ

[*11] https://julius.osdn.jp/

[*12] 音声の周波数スペクトルをメル尺度（音の高さに対する心理尺度）に直したものが、メル周波数スペクトルである。メル周波数スペクトルを逆フーリエ変換することで、音声の周波数特徴の分布状況がわかる。これはメルケプストラム（MFC：Mel frequency cepstrum）と呼ばれる。MFCC（Mel-frequency cepstral coefficients）は MFC の離散的数列表現である。

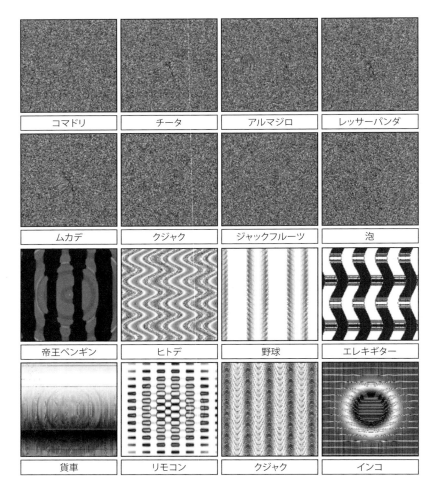

■ 図 2.9：深層学習モデルをだます画像（口絵参照）

ストラムに一定の変換を加えることで、音声認識ツールではある程度の信頼度を持ちながら、人間にはホワイトノイズに聞こえる音声を合成してみましょう。つまり、ホワイトノイズが音声認識ツールをだまして、意味のある音・文字・文書として誤判定されるのです。

図 2.10 は、目標単語（「材料」）として認識されるだまし音声の進化過程を示します（世代ごとの推移）。横軸は世代数、縦軸は信頼度です。図 2.10 の一番左

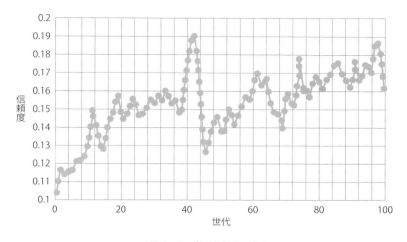

■ 図 2.10：単語信頼度の変化

が世代が 0、つまりオリジナル音声の信頼度です。世代が増えても単語の信頼度は落ちていません。

図 2.11〜図 2.13 は、音声の MFCC の第 1 から第 3 次元の様子を示しています。「origin」「20」「50」は、それぞれオリジナル音声と 20（50）世代で得られただまし音声の MFCC です。オリジナル音声と比べて、だまし音声の MFCC データに細かい振動が増えることがわかります。特に MFCC の第 1 次元では、世代が増えるに伴いその振動が激しくなります。一方、第 2 次元のデータを見ると、だまし音声の値が全体的に 0 に接近していることがわかります。そして第 3 次元では、世代交代における変化は少なくなっています。音声を聞いてみると、世代が進むと確かに乱雑になっていることがわかります[*13]。

コンピュータは人間の耳とは違い、ここで示したような特徴量に基づいて音の情報を理解しています。そのため、コンピュータは認識しているのに人間にとってはノイズとしてしか聞こえない状況が起こるのです。音声を用いてデバイス操作する機会が多くなると、人間が知らないうちに誤操作したり、マルウェアになったりするかもしれません。また、だまし音声を応用すると、人間には認識できない暗号音声を生成できるかもしれません。

さて、本章の冒頭に引用したオックスフォード大学の面接問題を考えてみましょう。画家（エル・グレコ）の視覚認識のニューラルネットワークを通すと、縦方向

---

*13 音声は https://github.com/ekiyang/fooling-voice-demo から試聴可能である。

第 2 章 深層学習とディープラーニング

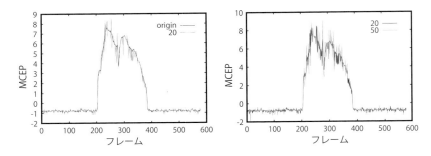

■ 図 2.11：「材料」の MFCC の第 1 次元

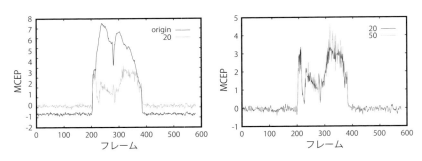

■ 図 2.12：「材料」の MFCC の第 2 次元

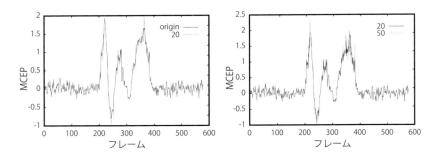

■ 図 2.13：「材料」の MFCC の第 3 次元

への引き伸ばしの特徴変換がされているのでしょうか？ 実はこの理論は間違っています。なぜなら、そのような認識ネットワークを持っている画家は、自分の描いた絵を見たらもっと伸びているように見えるからです**[13]**。では逆に、短く認識する（縦方向に短縮する）特徴変換ではどうでしょうか。同じように考えてみてください。

第 **3** 章

メタヒューリスティクス

暖かい日にアリの巣の近くに砂糖を少々ばらまいてみるといいですよ。
それから腰を落ち着けて、何がどうなるかを見てください。
（E.O. ウィルソン、
「自分のキャリアをかけて、
どうしてそれを研究できるのでしょうか？」
という質問への答え）

3.1 メタヒューリスティクスとは？

生物や物理現象をもとに構成された探索手法をメタヒューリスティクスと呼びます [80]。GA、GP、焼き鈍し法（Simulated Annealing：SA）、ニューラルネットワーク、強化学習なども広い意味ではメタヒューリスティクスです。進化論、物理現象、脳の可塑性、行動主義などをもとにしているからです。図3.1 はメタヒューリスティクスの分類です。この章では、2 番目の項目である群知能に基づくメタヒューリスティクスについて説明しましょう。

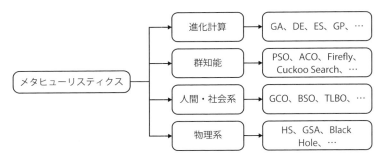

■ 図 3.1：メタヒューリスティクスの分類

3.2 アリと死の行進

アリという昆虫は、人間が地球上に現れる 1 億年以上前からコロニーという集団による生態を確立しています。そして、原始的なコミュニケーションによって餌の採集、営巣、分業などの複雑なタスクをこなす社会を形成します。その結果、アリは生物の中でも適合度が高く、苛酷な環境にも適応できる生物となりました。アリの行動モデルから、ルーティングやエージェント、ロボティクスの分散制御に関する新しいアイディアが生まれています。

多くの種類のアリは、採集の際に餌から巣に向かうとき、自分の通った道筋の痕跡をフェロモンによって残します。そして、餌の探索中に他のアリの残した道筋があれば、それをたどります。フェロモンは揮発性の物質で、アリが餌から巣に戻るときに分泌されます。Deneuobourg や Goss らはアルゼンチンアリを用いた実験を行い、アリの行動を最短経路探索と結びつけました [42]。アリはフェロ

モンによる情報交換を用いて、効率的な探索を実現しています。

1匹のアリは以下のように単純なことしかしません。

- 通常はランダムに餌を探す。
- 餌を見つければ、巣に持ち帰る[*1]。そのとき、帰り道にフェロモンを落とす。
- フェロモンが近くにあれば、そちらに導かれる。

アリの餌集めは一見非常に簡単な問題に思えますが、アリはほとんど盲目なので分岐の認知すら難しく、個体間で餌の位置を伝達する複雑なコミュニケーションはとれません。それにもかかわらず、アリはフェロモンを介した誘導によって、集団としての効率を高める探索を実現します。**図 3.2**は上のしくみでアリの探索

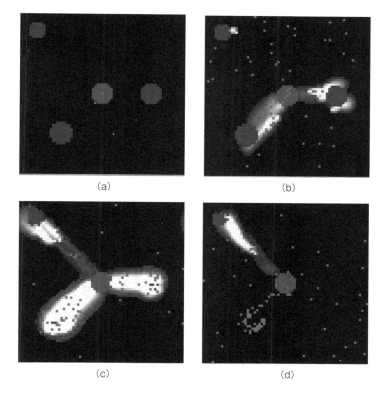

■ 図 3.2：アリのフェロモントレイル（口絵参照）

[*1] アリの帰巣本能についても多くの謎があるが、太陽光を利用するという説が有力とされている [14]。

第 3 章　メタヒューリスティクス

をシミュレートしたものです*2。中心の部分には巣があり、その周りに 3 カ所の餌があります（図 3.2 (a)）。最初のうちはランダムに餌をアリが探し回り、餌を見つけると巣に持ち帰ります。その際にフェロモンを落とします。フェロモンは揮発性なので、遠くの餌よりも近くの餌からのフェロモントレイルが強くなりがちです（図 3.2 (b)）。結果的に、アリは近くの餌に集中することになり、近いほうの餌が最初に探索しつくされます（図 3.2 (c)）。この図では遠くの餌（左上）からのフェロモントレイルは薄くなっていて、まだあまり探索されていないことがわかります。一方、近い餌（右と左下）に関しては濃いフェロモントレイルが現れています。これらの餌がなくなるとフェロモンは消散し、その後残った左上の餌場の探索が本格的に始まります（図 3.2 (d)）。

アリに意地悪な実験をしてみましょう（**図 3.3**）。子供のころによくやったような残酷な遊びですが、シミュレーションであれば気にせずに実行できます。フェ

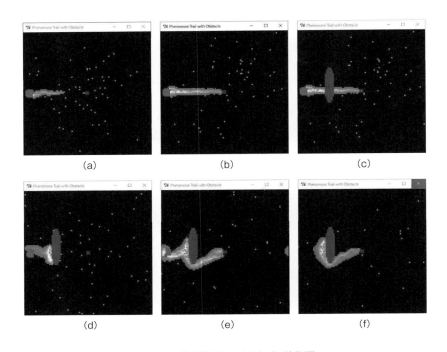

■ 図 3.3：障害物を置いてみた（口絵参照）

---

*2　アリのシミュレーションソフトは筆者のホームページからダウンロードできる。

46

ロモントレイルを作った状態（図 3.3（b））で障害物を置きます（図 3.3（c））。このときフェロモントレイルを遮り、片方の（図の上側の）パスがもう一方の（下側の）パスよりも長くなるようにします。するとアリたちは迷った状態になりますが（図 3.3（d））、しばらくすると短いほうのパスを通って餌を持ち運ぶようになります（図 3.3（e））。

この現象は、フェロモンが揮発性であることから次のように説明されます。確率的に考えると、最初は 2 つのパスに同じようにアリが通ります。餌場に至る道に長いほうと短いほうの 2 通りがある場合を考えましょう。フェロモンは揮発性のため、短い経路のほうが蓄積されるフェロモン量は多くなり、後続のアリも短い経路をたどりやすくなります。その結果、時間が経つにつれほぼすべてのアリが短いほうを通るようになります。このようにアリはフェロモンのコミュニケーションを通して、集団として見ると最適なパスを確率的に選択するのです。

このモデルは最短経路の探索に応用することが可能です。そのため、巡回セールスマン問題（TSP：Travelling Salesman Problem）の解法や、ネットワークのルーティングなどに利用されています。実際のアリのフェロモンにはまだ不明な点が多くあります。しかし、フェロモンの揮発性の特徴を用いて最短経路を維持しつつ、激しく変化するトラフィックに適応するモデルを構築できます。また、分岐では必ずフェロモンが蓄積した経路を選択するので、動的な問題では意図的にランダムな要素を入れ、硬直化を避ける工夫もなされています。

アリの集団行動であるフェロモントレイルを利用した最適化アルゴリズムは、ACO（Ant Colony Optimization）と呼ばれています **[35]**。これは、以下のような手順によって巡回路を最適化します*3。

TSP のための ACO

1. アリをランダムに各都市に配置する。
2. アリは次の都市に移動する。移動先はフェロモンなどの情報から確率的に選択される。ただし、すでに訪れた都市は除外する。
3. すべての都市を訪れるまでこれを繰り返す。
4. 一巡したアリは、通った経路にその長さに応じたフェロモンを落とす。
5. 満足な解を発見していないなら、1 に戻る。

---

*3 ACO による TSP 解法のシミュレータは筆者のホームページからダウンロードできる。

各都市間の経路の長さとそこに蓄積されているフェロモンの量はテーブルに保存され、アリは近隣の情報について知覚します。それをもとに、アリは次に進む都市を確率的に選択します（**図 3.4**）。一巡ごとに各経路に追加されるフェロモンの量は、アリが見つけた巡回経路の長さに反比例します。

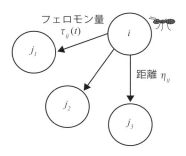

■ 図 3.4：アリの経路選択

より詳細には、都市 i にいるアリ k が都市 j に進む確率 p_{ij}^k は距離の逆数 $1/\eta_{ij}$ とフェロモン量 τ_{ij} によって決定されます（式 (3.1)）。

$$p_{ij}^k(t) = \frac{\tau_{ij}(t)\eta_{ij}^\alpha}{\sum_{h \in J_i^k} \tau_{ij}(t)\eta_{ij}^\alpha} \tag{3.1}$$

ただし、J_i^k はアリ k が都市 i から進めるすべての都市の集合を示します。アリがフェロモン量の多い経路を選択しやすいという設定は、過去の探索のポジティブフィードバックを表します。また、短い経路を選択しやすいというヒューリスティクスも取り入れています。このように ACO では適度に問題固有の知識を導入することができます。フェロモンテーブルは次の式に従って更新されます。

$$Q(k) = \text{アリ } k \text{ の見つけた巡回路の長さの逆数} \tag{3.2}$$

$$\Delta\tau_{ij}(t) = \sum_{k \in A_{ij}} Q(k) \tag{3.3}$$

$$\tau_{ij}(t+1) = (1-\rho) \cdot \tau_{ij}(t) + \Delta\tau_{ij}(t) \tag{3.4}$$

一巡ごとに各経路に追加されるフェロモンの量は、アリが見つけた巡回経路の長さに反比例します（式 (3.2)）。1つの経路にはそこを通ったすべてのアリの成績が反映されます（式 (3.3)）。ここで A_{ij} は都市 i から j への道を通ったすべての

アリの集合です。局所解を避けるためのネガティブフィードバックが、フェロモンの蒸発係数という形で定義されています（式 (3.4)）。つまり、経路のフェロモン量は一定の割合（ρ）で減少し、過去の情報は破棄されるのです。

ACO はクラスタリングやソーティングにも応用されています。これはアリの次のような生態に基づくものです。アリが巣の中で行う行動に、アブラムシの畜産や幼虫の飼育があります。アリの巣内の「牧場」や「保育所」を覗いてみると、家畜や幼虫が大きさなどによって空間的に整理され配置されているのがわかります。このような生態は、餌を与える作業を効率化するように進化したと考えられています。

このほかにも、ACO はさまざまな実問題に応用されています。たとえば、Southwest Airlines や P&G 社などのロジスティクスとスケジューリングを効率化する手法が実現されています。また ACO によるルーティングにも多くの研究例があり、Telecom bretagne では QoS（Quality of Service）による平滑化や無線環境への応用例があります。

一方、アリの行動が必ずしも最適とは限らない例を説明しましょう。死の行進（death spiral、死の螺旋）とは、アリが互いのフェロモンをたどって円を描くように歩き続ける奇妙な行動のことです。行き場を失ったアリたちはどこへ向かってよいのかわからずに、仲間のお尻から出るフェロモンを頼りに進むので円を描くように進んでいきます。グルグル回るアリの行軍は止まることなく回り続けます。そして、体力の少ないアリから徐々に死にます。仲間の屍を踏みつけながら、疲れきって死滅するまで行進は続けられます。

アリが死の行進を形成する原因は詳しく解明されていません。一説には、行き場を失ったアリの群れに起因すると考えられています。そこで前述したアリのシミュレーションに以下の 2 つの事象を加えることで、アリに恐ろしい行進をさせてみましょう。

- 通常の探索中に突然コロニー（巣）が消失し、食料を持ったままのアリがコロニーに帰ることができなくなる。その結果、延々とフェロモンを流し続ける。
- アリがコロニーの位置を正しく把握できていない。食料を運ぶアリがコロニーから少しずれた位置を目指すように行動する。

死の行進は、スマートフォンや携帯電話などの電磁波によって引き起こされるという報告もあります。何らかの外部刺激により正しいコロニーの位置を把握す

ることができず、ずれた位置を目指し続けるという説です。これに基づいて2番目の項目を取り入れました。具体的には、アリの現在地と実際のコロニーを結んだ直線と垂直な直線上で、コロニーから一定の距離にある地点を間違った目的地として目指すようにしました。つまり、帰巣しようとするアリは本当のコロニーから一定距離ずれた位置を目指すようになります。

このようにしてシミュレーションを行った結果を**図 3.5** に示します。図 3.5 (a) では、通常のアリの探索でフェロモントレイルが形成されています。そのあと、図 3.5 (b) のときにコロニーを消失させました。すると図 3.5 (c) にあるように、しばらくの間は多くのアリが迷走しています。やがて螺旋らしき行動が確認できました（図 3.5 (d)）。そのあとでは、中心でアリたちが団子になる様子が見られました（図 3.5 (e)）。コロニーを失ってフェロモンを追いかけた結果、アリたちは螺旋状に追いかけるというよりは1カ所に集まっているようにも見えます（図 3.5 (f)）。

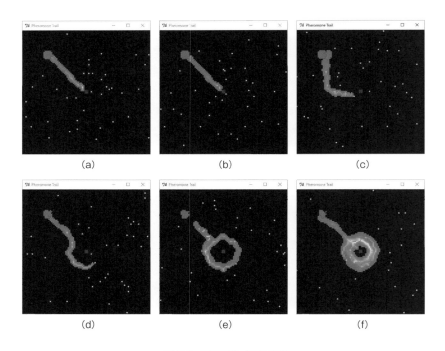

■ 図 3.5：死の行進（口絵参照）

3.3 ミツバチのささやき：ABCアルゴリズム

アリと並んでハチも社会性昆虫として有名ですが、ハチは思いのほか賢いことも知られています。たとえば、アシナガバチの一種（Polistes fuscatus）は互いの顔をかなり正確に見分けているようです [94]。それを示した研究では、T字型の迷路を作成し、T字の横棒の片側には全体に弱電流を流し、もう一方は電流を流さない安全地帯としました。T字の縦棒の根本にPolistes fuscatusを置き、同種の2匹の顔写真を見せました（図3.6）。1匹の写真は左に、もう1匹は右に置きます。写真と安全地帯はランダムに入れ替えますが、安全地帯側の写真は常に同じにします。すると、Polistes fuscatusはどの顔が安全地帯へつながるかを学習しました。一方、同じ実験を単純なパターンで行うと、学習スピードが落ち、かつ正答率も悪くなりました。Polistes fuscatusでは巣の中に複数の女王バチがいます。そこで、自分の血族を認識するために顔の認識が重要なのかもしれません。その証拠に、同じ実験を別種のアシナガバチ（Polistes metricus）で行うと、うまく学習ができませんでした。Polistes metricusのコロニーには女王が1匹しかいないため、互いを見分ける能力が進化しなかったと考えられています。

ミツバチは以下の3つのタイプに分類されます。

- 働きバチ（employed bees）
- 傍観バチ（onlooker bees）

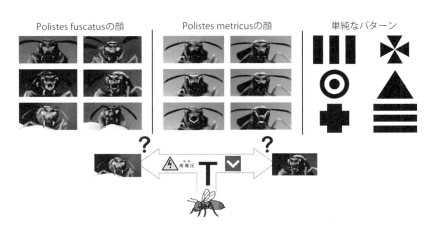

■ 図3.6：ハチは顔の認識が可能か？ [94]

第 3 章　メタヒューリスティクス

● 斥候バチ（scout bees）

働きバチは自分の記憶している餌場の近くを飛んで、餌についての情報を傍観バチに伝えます。傍観バチは働きバチからの情報を用いて、餌場から最良の餌を選択的に探し出します。餌場についての情報が古くなると、働きバチはその情報を捨てて斥候バチになり、新しい餌場を探しに行きます。コロニーの目的は最も効率のよい餌場を見つけることです。一般には巣の全体の半分が働きバチ、10–15%が斥候バチ、残りが傍観バチであるとされています。

働きバチが情報を傍観バチに伝える方法はミツバチのダンス（waggle dance、8 の字の動き）です（**図 3.7**）。この現象を見つけたオーストリアの動物行動学者カール・フォン・フリッシュ（Karl Ritter von Frisch, 1886–1982）は、ノーベル生理学・医学賞（1973 年）を受賞しました。

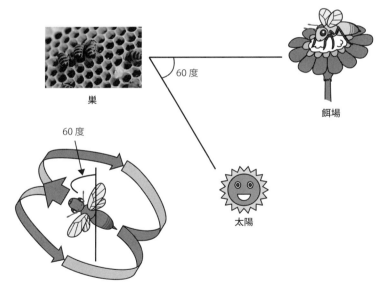

■ 図 3.7：ミツバチのダンス

花の蜜や花粉を見つけて巣に戻った働きバチは、8 の字ダンスを踊って餌場の方向を仲間に伝えます。具体的には、重力の反対方向が太陽の方向を意味し、ダンスの尻振り直進方向が餌場の方向を意味します。つまり、巣から見た太陽の方向と餌場の方向との角度を、重力の反対方向と尻振り直進方向の角度で表現して

3.3 ミツバチのささやき：ABC アルゴリズム

仲間のハチに伝えるのです[*4]。尻振りのスピードは餌への距離を示します。速いほど近くにあることを意味します。同じようなダンスによるコミュニケーションは、花粉や水飲み場のほかに新しい巣の位置を伝達するのにも使用されます。

餌場までの距離 Y（m）と尻振り時間 X（秒）の関係を調べると、$Y = 1087X + 380$ という線形の関係となっていたという日本の研究もあります[16]。この場合、日本のセイヨウミツバチは 1 秒が約 1 km に相当します。興味深いことに、この式の係数は地域により変わっています。たとえば、西アフリカのミツバチでは 1 秒が約 250m でした。このことは、ヒトが地域により異なる言語を話すことを連想させます。言語を話すことは遺伝的に決まっていますが、言葉の違いが文化や学習によって獲得されるのです。なお、ハチの生息地が南になるほど線形式の傾きが大きくなるそうです。狭い地域で十分な餌が得られるときは、傾きを大きくして少しの距離の違いが強調されるように進化したと考えられています。

斥候バチは新しい場所を探します。これは進化計算による突然変異に相当します。このようなハチがいることはフレッシュ自身も報告しています。驚くことに、あまりにも 8 の字ダンスの効率性が強調されたためか、このようなハチの存在が実際に認められたのはごく最近のことです[16]。斥候バチはダンスに追従しながら、それが示す餌場とはまったく違う場所に向かっていました。ダンスにも誤差があることを想定するなら、少し違っても別の方向に向かうハチや新しい方向を目指すハチも有益だと思われます。

この考え方に基づいて、Karaboga は ABC アルゴリズム（Artificial Bee Colony）という最適化手法を提案しました[*5]。ABC アルゴリズムは、ミツバチの餌集めをまねた集団的探索法です。進化計算や後述する PSO などに比べて制御パラメータが少数であることが、ABC の利点の 1 つとなっています。

ABC アルゴリズムでは、人工的なハチの群れは働きバチ、傍観バチ、斥候バチに分けられます。問題に対して N 個の d 次元の解が生成されて、餌場として参照されます。それぞれの働きバチは特定の餌場 x_i に割り当てられ、以下のオペレータを用いて新しい餌場 v_i を探します。

$$v_{ij} = x_{ij} + \mathrm{rand}(-1, 1) \times (x_{ij} - x_{kj}), \tag{3.5}$$

[*4] 曇って太陽そのものが見えないときや、小さな窓から空がわずかに見えるときでも、空の偏光パターンによってハチが方向を知ることをフレッシュは実験的に証明した[14]。

[*5] ABC のシミュレータは筆者のホームページからダウンロードできる。

ここで $k \in \{1, 2, \cdots, N\}$ であり、$j \in \{1, 2, \cdots, d\}$ はランダムに選ばれたインデックスです（ただし、$k \neq i$）。v_{ij} は $\boldsymbol{v}_i$ ベクトルの j 番目の要素です。つまり、$\boldsymbol{v}_i = (v_{i1}, v_{i2}, v_{i3}, \cdots, v_{id})^T$、$\boldsymbol{x}_i = (x_{i1}, x_{i2}, x_{i3}, \cdots, x_{id})^T$ となります。$\mathrm{rand}(-1, 1)$ は -1 から $+1$ の範囲をとる一様乱数です。もしも新しい位置が定義域を外れているなら、許容値に戻されます。そして、得られた $\boldsymbol{v}_i$ と $\boldsymbol{x}_i$ を比べてよい餌場（適合度のよいほう）が選択されます。

働きバチと異なり、傍観バチは式 (3.5) を用いて餌場の空間をさらに探索し、より好ましい餌を選び出します。この選好スキームは働きバチからのフィードバック情報に基づいています。

ABC によるハチの探索を簡単な例で説明しましょう。**図 3.8** は、ハチのコロニーと探索空間である餌場の様子を示しています。このコロニーには 4 匹ずつの働きバチと傍観バチがいます。斥候バチは 1 匹です。探索区間は色が濃いほど好ましい（適合度が高い）とします。したがって 2 つの山があり、右下のほうが最適値となります。ここで初期化により、1〜4 の餌場がそれぞれの働きバチに割り当てられているとします。

それぞれの働きバチは、自分の割り当てられた探索点（餌場）を一度ずつ更新し

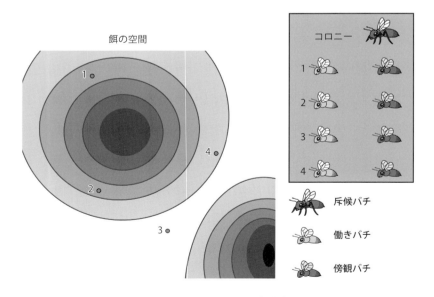

■ 図 3.8：ハチのコロニーと探索空間

ます（働きバチが餌場を一度訪れてその近くを少し探すということに相当する）。**図 3.9** では、4 匹の働きバチのうち 2 番目と 3 番目の働きバチがそれぞれの点を更新し、より適合度の高いところに餌場を変更しています。なお、この変更は確率的に行われるので、必ずしも高いところに行くとは限らず、そのため 1 番目と 4 番目の働きバチは同じ場所にとどまっています。つまり、局所探索をしているわけではありません。

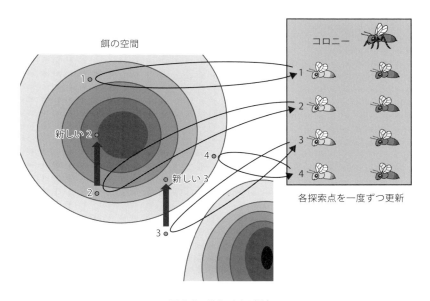

■ 図 3.9：働きバチの探索

次に傍観バチが探索を行います。この場合、適合度の高い点の餌場ほど訪れやすく、したがって更新対象に選びやすくなります。**図 3.10** では、1 番目と 2 番目の傍観バチはそれぞれ探索点 2（2 番目の働きバチの餌場）と探索点 3（3 番目の働きバチの餌場）を更新しています。適合度の高い点が優先されるため、3 番目と 4 番目の傍観バチも探索点 2 を訪れますが、すでに局所解となっているので更新されません（**図 3.11**）。

その後、斥候バチが探索を行います。このハチは一定の回数更新されなかった餌場をリセットします。この場合には探索点 2 が選ばれ、ランダムに移動された点に変えられます（**図 3.12**）。当然 2 番目の働きバチの餌場も、この新しくなったところに変更されます。

第 3 章　メタヒューリスティクス

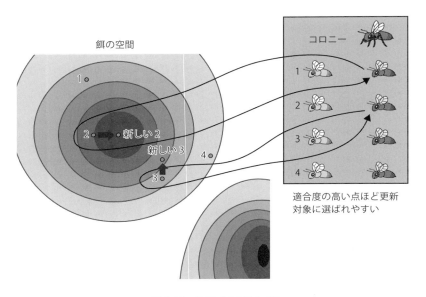

■ 図 3.10：傍観バチの探索（1）

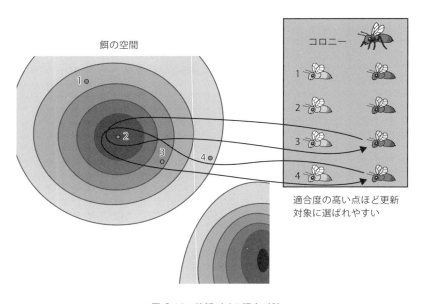

■ 図 3.11：傍観バチの探索（2）

3.3 ミツバチのささやき：ABC アルゴリズム

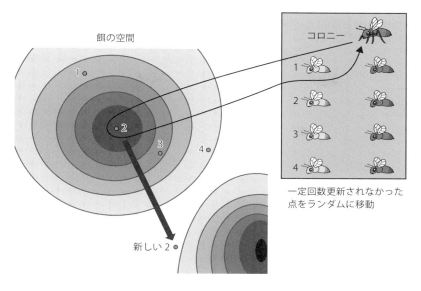

■ 図 3.12：斥候バチの探索

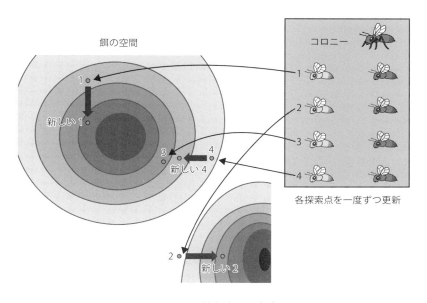

■ 図 3.13：働きバチの再探索

57

これで、ハチのコロニーの動作が一巡しました。このあとは働きバチが再び探索を行います。図 3.13 では、3 匹の働きバチが餌場を更新しています。次に、傍観バチが適合度の高い餌場を優先的に探索します。その結果、2 番目の餌場が最適値になっています（図 3.14）。

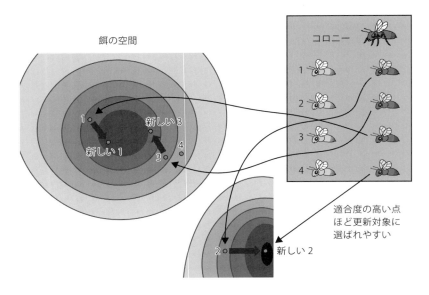

■ 図 3.14：傍観バチの再探索

この例では、ハチが役割分担をすることで局所解をうまく回避して最適解にたどり着くことがわかります。ABC には多くの拡張の試みがなされています。たとえば、ABC はパラメータの外乱に弱いという欠点が指摘されています。この欠点を克服するため、ハチの餌探しの協調メカニズムに非分離のオペレータを導入した研究などがあります **[46]**。

3.4 PSO：輪になって踊ろう

これまでに、数多くの科学者が鳥や魚の群の集団行動をコンピュータ上に表現しようと試みてきました。この中で、特に有名なのが Reynolds や Heppner といった鳥の動きをシミュレートしてきた人々です。Reynolds は鳥の群の美しさの虜に

なり [87]、動物学者の Hepper は一瞬にしてまとまったり散らばったりする鳥の群に隠されたルールを見つけることに興味を持ちました [48]。彼らは、ミクロにはセルラ・オートマトンによるような非常にシンプルな動きであるのに対して、マクロにはカオス的な非常に複雑な動きをするところに目をつけました。彼らのモデルでは、個体相互間に与える影響が非常に大きな割合を占めています。群の一連の動きは、自分自身と仲間との間の距離を最適に保とうとするルールで実現できることがわかりました。

Reynolds の CG アニメーションは boid（ボイド）と呼ばれるエージェントの集まりからなります。各 boid は、（1）最も近い他者あるいは障害物から離れようとする力、（2）群れの中心に向かおうとする力、（3）目標位置へ向かおうとする力の 3 つのベクトルを合成することで動きを決定します。合成の際の係数を調整することで、さまざまな動きのパターンが実現されます。このように単純な行動規範をそれぞれの個体が持ち、全体として複雑な群れ行動が創発します。この技術は現在、映画の特殊効果やアニメーションで盛んに応用されています。

以下では boid（ボイド）のアルゴリズムの詳細を説明しましょう。これは空間を数多くの個体（boid）が動き回るものであり、それぞれの個体は速度ベクトルを保持しています。boid の群れを実現させる振る舞いは、以下の 3 つの要素からなります。

---

boid のアルゴリズム

1. 衝突の回避：近くにいる仲間と衝突しないようにする。
2. 速度を合わせる：近くの仲間と速度を一致させようとする。
3. 群れの中心に向かう：近くにいる仲間に周りを囲まれた状態になろうとする。

---

boid（ボイド）には、それぞれ自分にとっての「最適距離」があります。そして自分の近くにいる仲間との間で、この距離を保ちたいと考えて振る舞います。最も近くの boid（ボイド）との距離が「最適距離」を下回ると、衝突する恐れがあります。そこでこれを回避するため、最も近くにいる boid（ボイド）の位置が自分より前なら自分はスピードを落とし、逆に最も近くにいる boid（ボイド）が自分より後ろなら自分はスピードを上げます（**図 3.15**）。

第 3 章　メタヒューリスティクス

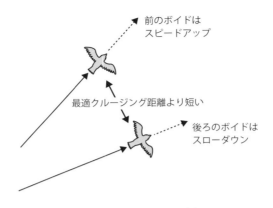

■ 図 3.15：衝突の回避（1）

　また、群れから離れすぎないためにもこの「最適距離」を用います。最も近くにいる boid（ボイド）との距離が「最適距離」よりも大きいとき、その仲間が自分より前ならスピードアップし、後ろならスローダウンをします（**図 3.16**）。ただし boid（ボイド）にとっての前と後ろは、自分の目を通り進行方向と直交する線の前後として定義されます（**図 3.17**）。

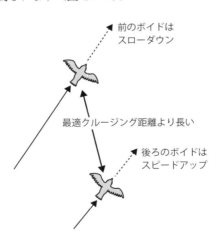

■ 図 3.16：衝突の回避（2）

　速度を合わせるために、boid（ボイド）は最も近くにいる仲間と平行に（同じベクトルで）飛ぼうとします。これによるスピードの変化はありません。さらに群れの中心（boid の全体の集合の重心）に向かうようにも速度を常に変更しています。

60

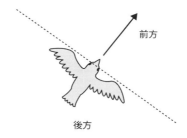

■ 図 3.17：boid の前と後ろ

　以上をまとめると、時刻 t での i 番目の boid（ボイド）の速度ベクトル（$v_i(t)$）の更新式は次のようになります（**図 3.18**）。

$$v_i(t) = v_i(t-1) + Next_i(t-1) + G_i(t-1) \qquad (3.6)$$

ここで $Next_i(t-1)$ は個体 i の最も近くの boid（ボイド）の速度ベクトル、$G_i(t-1)$ は個体 i から重心へ向かうベクトルです。なお、慣性で動くことを実現するため、1 タイムステップ前の速度 $v_i(t-1)$ を加えています。

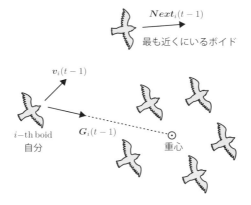

■ 図 3.18：速度ベクトルの計算

　それぞれの boid（ボイド）は自分の視界を有しています（**図 3.19**）。最も近くにいる boid（ボイド）を探す場合、自分の視界内の boid（ボイド）だけを考えます。ただし、群れの重心を計算するのには他の boid（ボイド）も含めた全体の座標位置を使います。視界の大きさを変えることで、群れの集散具合を調整するこ

第 3 章　メタヒューリスティクス

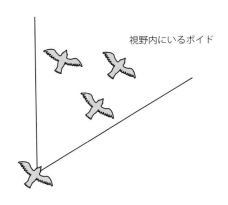

■図 3.19：boid の視界

とができます。

　boid（ボイド）によるシミュレーションをしてみました[*6]。**図 3.20** は単純な動きの様子です。**図 3.21** は、障害物（丸で表示）を巧みにかわしながら集団が離合集散する様子です。

　Kennedy らは、boid（ボイド）のメカニズムに注目して効果的な最適化アルゴリズム構築しました **[61]**。これは PSO（Particle Swarm Optimization）と呼ばれ、数多くの応用例が報告されています[*7]。基本的な PSO は、多次元空間を数多くの個体が動き回るものです。それぞれの個体は位置ベクトル（$\boldsymbol{x}_i$）、速度ベクトル（$\boldsymbol{v}_i$）、およびその個体が最良の適合度を獲得した場所（$\boldsymbol{p}_i$）を記憶しています。そして、個体全体における最良の適合度の場所（$\boldsymbol{p}_g$）の情報も共有します。

　世代を経ることにより、全体としてこれまでに獲得された最も優れた位置と、それぞれの個体が獲得したこれまでの最も優れた位置により、各個体の速度は更新されます。その方法は以下の式によって行われます。

$$\boldsymbol{v}_i = \chi(\omega\boldsymbol{v}_i + \phi_1 \cdot (\boldsymbol{p}_i - \boldsymbol{x}_i) + \phi_2 \cdot (\boldsymbol{p}_g - \boldsymbol{x}_i))$$

ここで使われるパラメータは収束係数 χ（0.9 から 1.0 までの乱数値）と減衰係数 ω です。また、ϕ_1 と ϕ_2 はそれぞれの個体と次元固有の乱数値であり、その上限値は 2 です。もし速さがある制限を超えてしまった場合には、あらかじめ決められた最大の速さ V_{max} が代わりに使われます。このようにして、探索領域内に個

[*6]　boid のシミュレータは筆者のホームページからダウンロードできる。
[*7]　PSO のシミュレータは筆者のホームページからダウンロードできる。

3.4 PSO：輪になって踊ろう

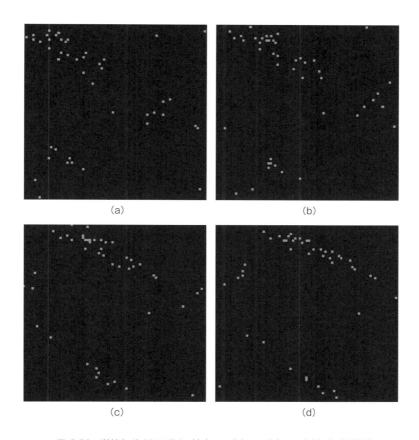

■ 図 3.20：単純なボイドの動き（(a) ⇒ (b) ⇒ (c) ⇒ (d)）（口絵参照）

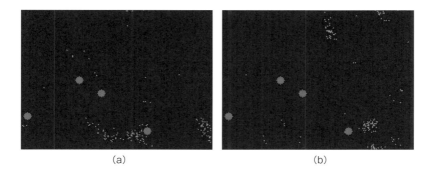

■ 図 3.21：ボイドが障害物を避ける様子（(a) ⇒ (b)）（口絵参照）

体を保ちつつ探索を行うことが可能となります。

それぞれの個体の位置は、世代ごとに以下の式で更新されます。

$$x_i = x_i + v_i$$

boid（ボイド）のアルゴリズムは単純で、集団行動の創発が容易に実現できます。しかし問題は、集団の行動を制御できないことです。そこで、より現実的なboid（ボイド）を作ることを考えてみましょう。

そのために集団記憶（Collective memory）を実装する研究を紹介します [33]。これは、集団構造の過去の履歴が個体間の相互作用に影響するという考え方です。このモデルの基本原理（Couzin のアルゴリズム）は以下の通りです。

- Rule1：全個体はお互いに最小距離を常に維持する（回避行動）。これは最大の優先度となり、実際の生物でも観測される行動である。
- Ruel2：もしも Rule1 を遂行しないならば、他の個体に惹きつけられやすく、かつ近隣個体と並ぶ傾向がある。これは孤立化を避けるためである。

個体の周囲のモデル化は図 3.22 のようになります。ここでは自分自身が鳥の形で描かれています。自分の周囲は、近いほうから次の領域に分かれています。

- 斥力（Repulsion）：この領域（zor = zone of repulsion）にある 2 個体は互いに反発する。
- 定位（Orientation）：この領域（zoo = zone of orientation）にある 2 個体は同じ方向に整列する。
- 吸引（Attraction）：この領域（zoa = zone of attraction）にある 2 個体は引き合う。

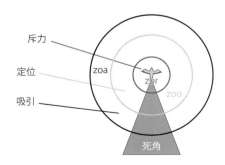

■図 3.22：個体の周囲のモデル化

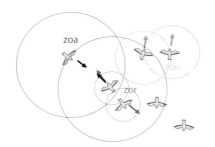

■ 図 3.23：局所的相互作用

ただし、自分の背後には死角が存在します。**図 3.23** に個体同士の相互作用の様子を示します。

このことを局所ルールで実現するために、次のように更新ルールを設定します。この更新は各個体 i ごとに実行されます。なお、個体 i の位置ベクトルを c_i とし、速度ベクトルを v_i とします。

- zor（zone of repulsion）に個体がいるとき：
  次に動くべき方向は、
  $$d_r(t+\tau) = -\sum_{j\neq i}^{n_r} \frac{r_{ij}(t)}{|r_{ij}(t)|} \tag{3.7}$$
  となる。ただし $r_{ij} = \frac{c_j - c_i}{|c_j - c_i|}$ であり、個体 j 方向への単位ベクトルである。これが最大の優先度である。

- zor（zone of repulsion）に個体がいないとき：
  – zoo に対して
  $$d_o(t+\tau) = \sum_{j=1}^{n_o} \frac{v_i(t)}{|v_j(t)|} \tag{3.8}$$
  – zoa に対して
  $$d_a(t+\tau) = \sum_{j\neq i}^{n_a} \frac{r_{ij}(t)}{|r_{ij}(t)|} \tag{3.9}$$
  ただし、これは死角を除いて求める。

- zoo のみに個体がいるとき：
  次に動くべき方向は、

第 3 章　メタヒューリスティクス

$$d_i(t+\tau) = d_o(t+\tau) \tag{3.10}$$

となる。

- zoa のみに個体がいるとき：

$$d_i(t+\tau) = d_a(t+\tau)$$

- 両方に個体がいるとき：

$$d_i(t+\tau) = \frac{1}{2}(d_o(t+\tau) + d_a(t+\tau))$$

- いずれにも個体がいないとき：

$$d_i(t+\tau) = v_i(t)$$

なお、zoo の領域（zone of orientation）は時間とともに変化します。
最後に以下の調整をします。

- $d_i(t+\tau)$ をガウス分布に基づいてランダムな角度分動かす。
- 各個体 i は $v_i(t+\tau) = d_i(t+\tau)$ によって方向を変える。ただし、最大の回転角 θ_τ を超えるときは、この角度までとする。
- 各個体の移動速度は一定の s とする。

シミュレーションで使われるパラメータを**表 3.1** に示します。Units は対象とする特定の生物に関する長さのスケールです。たとえば、昆虫に対しては非常に小さくなり、他のパラメータは適当にスケーリングされます。

図 3.24 にはさまざまな条件での実験結果を示します。集団行動は、以下の 4

■表 3.1：パラメータの詳細

パラメータ	単位	記号	数値範囲
個体数	–	N	10-100
斥力（zor）	Units	r_r	1
定位（zoo）	Units	$\Delta r_o(r_o - r_r)$	0-15
吸引（zoa）	Units	$\Delta r_a(r_a - r_o)$	0-15
視野	角度	α	200-360
回転率	秒あたりの角度	θ	10-100
速度	秒あたりの Units	s	1-5
誤差（S.D.）	角度（ラジアン）	σ	0-11.5（0-0.2 ラジアン）
時間幅	秒	τ	0.1

3.4 PSO：輪になって踊ろう

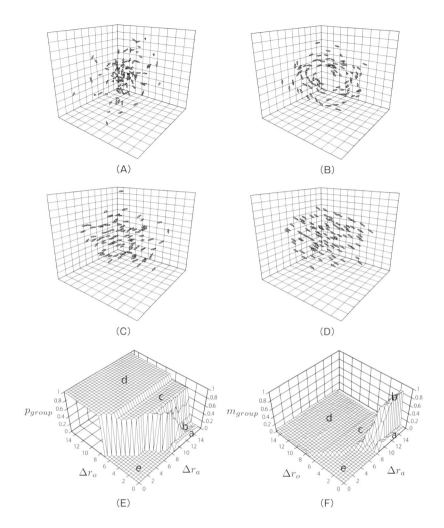

■ 図 3.24：集団的行動の様子：(A) 群れ、(B) トーラス、(C) 動的な併進、(D) 高度な併進。集団極性 p_{group} (E) と角運動量 m_{group} (F) を zoo Δr_o と zoa Δr_a の変化の関数として示す [33]

つの場合に分類されます。

- (A) 群れ
- (B) トーラス
- (C) 動的な併進

67

第 3 章　メタヒューリスティクス

● (D)　高度な併進

　下の部分は、zoo と zoa のサイズの変化（Δr_o と Δr_a）の関数としての集団極性 p_{group}（E）と角運動量 m_{group}（F）の値です（30 回の平均値）。図 3.24 での a–d までのパラメータ領域が上の A–D の集団行動に相当します。領域 e は 50％以上の確率で分断する行動です。ここでのパラメータ値は、$N = 100$、$r_r = 1$、$\alpha = 270$、$\theta = 40$、$s = 3$、$\sigma = 0.05$ です。ただし、集団極性 p_{group}（E）と角運動量 m_{group}（F）はモデルの大域的特徴であり、次のように定義されます。

$$p_{group}(t) = \frac{1}{N}\left|\sum_{i=1}^{N} \boldsymbol{v}_i(t)\right| \tag{3.11}$$

$$m_{group}(t) = \frac{1}{N}\left|\sum_{i=1}^{N} \boldsymbol{r}_{ic}(t) \times \boldsymbol{v}_i(t)\right| \tag{3.12}$$

$$\boldsymbol{r}_{ic} = \boldsymbol{c}_i - \boldsymbol{c}_{group} \tag{3.13}$$

$$\boldsymbol{c}_{group}(t) = \frac{1}{N}\sum_{i=1}^{N} \boldsymbol{c}_i(t) \tag{3.14}$$

集団極性は、集団内の個体間の連帯度が増えると大きくなります。一方、角運動量は、集団の重心に関する回転度合いを測るもの（重心の周りの個体の角度モーメントの総和）です。

　これらの図の結果から、集団の行動が以下のように観測されることがわかります。

● 群れ：凝集による集団。ただし、メンバー間での低レベルの分裂や平行整列も観られる。このことは低い連帯度（p_{group}）と低い角モーメント（m_{group}）を意味する。個体は反発と吸引の行動を示すが、ほとんど並行しない（図 3.24 の領域 a）。

● トーラス：個体がある中心の周りを永遠に回り続ける。回転方向はランダムである。p_{group} の値は低いが、m_{group} は高い。これが起こるのは、Δr_o が比較的小さく、Δr_a が比較的大きいときである（図 3.24 の領域 b）。

● 動的な併進：この集団は高い p_{group} 値と低い m_{group} を示す。この種の集団は群れやトーラスよりも可動性がある。中くらいの Δr_o と中くらい以上の Δr_a でこの現象が起こる（図 3.24 の領域 c）。

● 高度な併進：Δr_o が増えると集団は自己組織化して、直線的な動き（低い

m_{group})を有する高度な整列状態(低い m_{group})になる(図 3.24 の領域 d)。

では、このシミュレーションを boid(ボイド)に基づいて実現してみましょう。前述のように、各 boid(ボイド)は 3 つの半径と 1 つの角度を持っています。つまり、斥力の範囲を表す半径 R_{zor}、定位の範囲を表す半径 R_{zoo}、吸引の範囲を表す半径 R_{zoa}、そして視野角を表す角度 α_p です。半径は $0 \leq R_{zor} \leq R_{zoo} \leq R_{zoa}$ を満たします。

R_{zoo} が小さい領域(**図 3.25**(a))では、boid(ボイド)が平行移動も同一方向への回転もせずその場にとどまる群れ状態が観測されました。その様子を**図 3.26**(a)に示します。左上、左下、右下に 3 つの群れができていることがわかります。これらの群れは、画面の端同士がつながっているため、見た目よりも近い距離にいます。ときどき数体の boid(ボイド)をやりとりするだけで、群れ同士が結合するようなことはありませんでした。

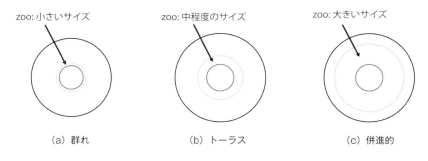

■ 図 3.25:zoo の領域の違い

R_{zoo} が中間の領域(図 3.25(b))では、boid(ボイド)が空白な中心の周りを同一方向に周回する様子が見られました(図 3.26(b))。図では、左側に大きなトーラスができています。トーラスは安定ではなく、しばらくすると群れか併進のような状態になることがあります。

R_{zoo} が比較的大きいと(図 3.25(c))、boid(ボイド)がひとかたまりとなって平行に移動しました(図 3.26(c))。図では、右側に集団となった boid(ボイド)が併進していることがわかります。R_{zoo} が小さいと、できた併進集団はすぐに自壊して群れ(図 3.25(a))のようになり、再び併進になることを繰り返しています。一方、R_{zoo} が大きいと、一度できた併進集団は自壊せず一定の方向に進み続けます。

本節の最後に、boid(ボイド)における逃避行動を実現してみましょう。大物

第 3 章 メタヒューリスティクス

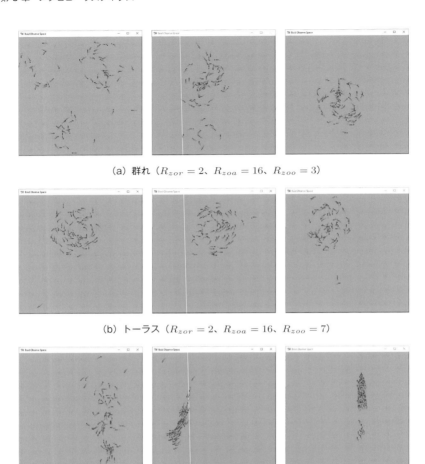

(a) 群れ（$R_{zor} = 2$、$R_{zoa} = 16$、$R_{zoo} = 3$）

(b) トーラス（$R_{zor} = 2$、$R_{zoa} = 16$、$R_{zoo} = 7$）

(c) 併進（$R_{zor} = 2$、$R_{zoa} = 30$、$R_{zoo} = 10$）

■ 図 3.26：集団行動のシミュレーション

の敵に襲われて逃げ惑う小魚の行動がこれに相当します。パニックになって群れがばらける様子は、自然界で頻繁に観察されます（**図 3.27**、**図 3.28**）。

　大きな魚は動きが遅く、少数です。その代わりに遠くまで見えるので、視界に入った小魚の群れに向かっていく習性があります。小さな魚は動きが速く、数も大きくなります。天敵である大きな魚から逃れるために、視界に入った途端に機敏に進路を変更して逃げます（これを種の「本能」と呼ぶ）。しかし、近くまでしか見えないので、大きな魚の出現はかなり近づかないと気づきません。同じ生物

■ 図 3.27：ギンガメアジに攻撃されるイワシの群れ（2016 年、フィリピン、モアル・ボアル）

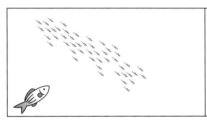

（a）散開的拡散

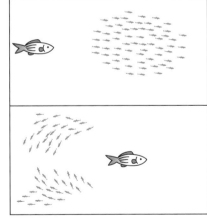
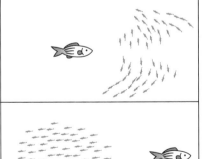

（b）湧出効果

■ 図 3.28：如何にして小魚は大魚からの攻撃から逃れるか？

第 3 章　メタヒューリスティクス

種に属する個体同士は、boid（ボイド）の基本アルゴリズムに従って泳ぎ、異なる生物種に属する個体同士は、上述の「本能」に従って変化する引力/斥力の影響を受けます。これを実現するため、boid アルゴリズムを改良して、同種間の基本 3 ルールに相互作用のルールを加えました。基本 3 ルールは以下のものでした。

- **中心に向かう**：同じ群れの仲間が多い方向を向きやすい。
- **位置を揃える**：同じ群れの魚と同じ位置になるよう近づく。基本的には引力として働く。あまりにも近づきすぎた場合には斥力となり、完全に 1 点に固まらないようにする。
- **方向を揃える**：同じ群れの魚と同じ方向を向くような角度空間での引力が働く。

相互作用のルールは以下の通りです。

- **狩る（hunting）**：自分より体の小さな相手を見つけた場合は引力を感じる。
- **逃げる（avoiding）**：自分より体の大きな相手を見つけた場合は斥力を感じる。

これをもとに boid（ボイド）を実現すると、大きな魚の群れが小さな魚の群れに捕食行動を仕掛けている様子が観察されました（**図 3.29**）。小さな魚は大きな

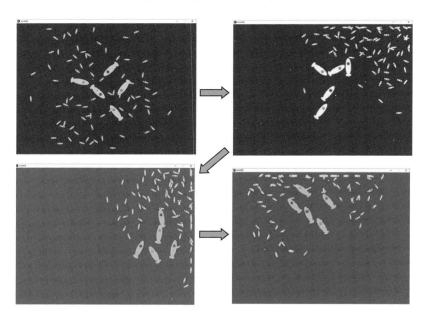

■ 図 3.29：魚の攻撃行動のシミュレーション

魚から逃げる際にも、群れとして一定の形を保っていることが見られます。

さらに、より実際的な逃避行動を行う boid（ボイド）を Couzin のアルゴリズムに基づいて作成してみましょう。この boid（ボイド）は複数種の行動を同時にシミュレートします。各 boid（ボイド）は Couzin らのアルゴリズムのパラメータに加えて、索敵距離 R' を持ちます（$R_{zor} \leq R'$ を満たす）。現実の動物において、仲間と行うコミュニケーションと索敵に用いる情報が同じとは限りません。たとえばクジラは指向性の高い超音波を出すことによって、はるか先の仲間と交信を行えます。しかし、エコーロケーションがこの距離まで可能とは考えられません。そのため、R_{zor} に比べて R' が小さいとしています。

たとえば、2 種の個体、捕食者と被捕食者が存在する場合を考えます。このときは更新ルールを次のように設定します。この更新は各個体 i ごとに実行されます。

1. zor（zone of repulsion）に異種個体がいるとき：
   次に動くべき方向は、

$$d_r(t + \tau) = \pm \sum_{j \neq i, sp(i) \neq sp(j)}^{n_r} \frac{r_{ij}(t)}{|r_{ij}(t)|} \tag{3.15}$$

   となる。ただし、$sp(i)$ は個体 i の種を意味する。右辺は異種個体の重心への向きとなる。ここで、$\pm$ は被捕食種の場合に $-$、捕食種の場合に $+$ とする。これによって、「追う側と逃げる側」という状況をシミュレートすることができる。

2. zor（zone of repulsion）に異種個体がいるとき：
   索敵範囲（視野角で限定された半径 R' の円）内に異種個体がいる場合、先ほどと同様に

$$d_r(t + \tau) = \pm \sum_{j \neq i, sp(i) \neq sp(j)}^{N'} \frac{r_{ij}(t)}{|r_{ij}(t)|} \tag{3.16}$$

   となる。ただし、N' は索敵範囲の個体数である。

3. 上のいずれでもないときには、Couzin のアルゴリズムを実行する。このときの観測はすべて同種の個体についてのみ行う。

4. 上で異種個体が見つかった場合には次のステップの速さは α 倍、見つからなかった場合には α^{-1} 倍となる。また、最大の回転角 θ_τ については、異種個体が見つかった場合と見つからなかった場合で異なる値を用いる。こ

第 3 章　メタヒューリスティクス

れらは、外敵から逃げる際と通常時では行動に差があることを実現するた
めである。

　外敵を近づけさせることで、boid（ボイド）たちが逃避行動を行う様子をシミュ
レートしました。その様子を以下に示します。

● 散開的拡散
　併進的に行動していた boid（ボイド）たちが、外敵から逃げるために散開す
る様子が観測された。**図 3.30**（a）は最後尾が襲われた場合の様子である。
赤色の boid（ボイド）が捕食種であり、青色の boid（ボイド）が被捕食種で
ある。逃避行動を行っている間は、被捕食種を緑色で描写している。
● 湧出効果
　図 3.30（b）は横から襲われた場合の様子である。図からわかるように、襲わ
れた際に boid（ボイド）たちが散開し、そのあとで湧出効果により集合して
いる。全体として犠牲を最小限に抑えようとしているように見える。

3.5　カッコウの巣の上で：Cuckoo Search

　カッコウ探索（Cuckoo Search：CS）**[116]** は、カッコウの托卵行動に基づく
メタヒューリスティクスです。托卵とは卵の世話を他種の個体に托す（その卵を
育てさせる）動物の習性のことです。托卵するカッコウは何種類か知られていま
す。カッコウは、オオヨシキリ、ホオジロ、モズ、オナガ等の他種の巣に托卵し
ます[*8]。その際に、巣にあった卵を 1 つ持ち去って数を合わせ、宿主（仮親）の
卵の模様に似せた卵を産む（卵擬態と呼ばれる）という興味深い生態行動を示し
ます。宿主の鳥は、自身のものではない卵を発見するとその卵を捨ててしまうか
らです。さらに、産まれたばかりのカッコウのヒナは宿主の卵をすべて巣から放
逐してしまいます。そのためにカッコウのヒナの背中には窪みがあり、そこに宿
主の卵を載せて巣の内側からよじ登って卵を巣の外に捨てます[*9]。
　カッコウのヒナはとりわけ大きくて色鮮やかな口ばしを有し、仮親から過剰に

---

*8　托卵する相手の種はメスごとにほぼ決まっている。

*9　この行動を発見したのは、種痘の考案で有名なエドワード・ジェンナーであった。

3.5 カッコウの巣の上で：Cuckoo Search

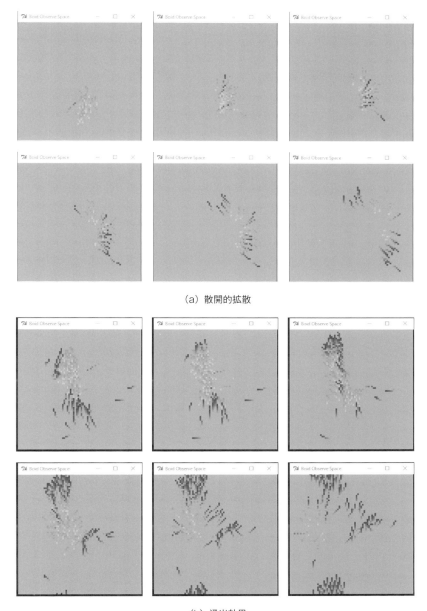

(a) 散開的拡散

(b) 湧出効果

■ 図 3.30：シミュレータでの動作例（逃避行動）（口絵参照）

第 3 章　メタヒューリスティクス

餌をもらいます。これは「超正常刺激」と呼ばれています。さらにヒナの翼の裏
側には皮膚が露出している部分があり、口ばしと同じ色をしています。仮親が餌
を運んできたとき、ヒナは翼を広げてこの部分を見せつけます。仮親は翼の色部
分をヒナと勘違いしてしまいます。つまり実際よりも多くのヒナがいると思い込
み、より多くの餌を運ぶことになるのです。これは、成長したカッコウは宿主より
も何倍も大きく、それに見合う餌をもらうために進化したと考えられます。また
別の「超正常刺激」としては、ヨーロッパカッコウのヒナの鳴きまねがあります。
ヨーロッパヨシキリの巣に托卵されたカッコウのヒナは、巣にヒナが何羽もいると
きの鳴き声をまねて仮親をだまします。ヨシキリ 1 羽では「シッ・・・シッ・・・
シッ・・・」と鳴くのに対して、カッコウは「シシシシシシ」と重ねて鳴くので
す。この鳴き声に反応した宿主（仮親）はヒナの数を大きく錯覚してしまい、餌
を多く運んで与えてしまいます [7]。

　CS では、以下の 3 つのルールでカッコウの托卵行動をモデル化します。

- カッコウは一度に 1 つ卵を産み、無作為に選んだ巣に托卵をする。
- 最も高品質な（宿主の鳥に見破られくい）卵は次の世代に受け継がれる。
- 巣の数は固定されており、托卵された卵は一定の確率で宿主の鳥に見破られ
  る。この場合、宿主の鳥は卵を破棄するか新しく巣を作り直す。

　CS のアルゴリズムを **Algorithm 1** に示します。このアルゴリズムでは、ラン
ダムに選んだ巣の卵からレヴィ飛行（Lévy flight）によって新しい卵を産みます。
レヴィ飛行では、規則性のない短距離のランダムウォークがほとんどです。ただ
し、ときどき長距離の移動もします。この動きはいくつかの動物や昆虫に観察さ
れています。飛行パターンや採餌行動など、さまざまな自然現象や物理現象にお
ける確率的変動を表現できるとされています。昆虫や鳥などが餌を探すときには、
ブラウン運動のようにランダムに動き回ることはありません。空間を一様に徘徊
するのではなく、近いところを少し探してみて、見つからなければ遠くに飛んで
いくというのが普通です。このとき、ある 2 点 i, j 間の移動距離 l_{ij} の頻度分布
$P(l_{ij})$ は、

$$P(l_{ij}) \sim l_{ij}^{-\mu} \tag{3.17}$$

に従います。1 次元連続空間上に一様ランダムで疎に配置された餌探索において
は、指数 $\mu = 2$ が最適なことが解析的に示されています [15]。なお、$\mu = 1$ ならば
弾道的移動、$\mu > 3$ ならばランダムウォークに相当するブラウン運動となります。

3.5 カッコウの巣の上で：Cuckoo Search

[Algorithm 1]　カッコウ探索

n 個の宿主の巣の集団を初期化する。

　　　　　　　　　　　　　　　▷ 最小化すべき目的関数 $f(x),\ x = (x_1, \cdots, x_d)^T$

各宿主 $i = 1, \cdots, n$ に 1 つの卵 x_i^0 を産む。

$t = 1$　　　　　　　　　　　　　　　　　　　▷ 世代数のカウンタを初期化する。

while $t < MaxGeneration$ であり、かつ終了条件が満たされない do

　　巣 i をランダムに選ぶ。

　　レヴィ飛行により、新しい卵 x_i^t を産む。　　　　　　　▷ カッコウの寄生

　　巣 j をランダムに選び、その卵を x_j^{t-1} とする。

　　if $x_j^{t-1} > x_i^t$ then　　　　　　　　　▷ 新しい卵が優れているとき

　　　　j の卵を新しい卵 x_i^t で置き換える。

　　end if

　　巣を卵の成績に従ってソートする。

　　最も悪い巣の一部 (p_a) が捨てられ、新しい巣がレヴィ飛行によって構築される。

　　$t = t + 1$

end while

後処理と可視化を行う。

より詳しく言えば、Lévy 分布は以下の確率密度関数で表されます（**図 3.31**）。

$$
f(x; \mu, \sigma) = \begin{cases} \sqrt{\dfrac{\sigma}{2\pi}} \exp\left[-\dfrac{\sigma}{2(x-\mu)}\right](x-\mu)^{-3/2} & (\mu < x \text{ のとき}) \\ 0 & (\mu \geq x \text{ のとき}) \end{cases} \tag{3.18}
$$

ここで μ は位置パラメータ、σ は尺度パラメータです。レヴィ飛行は、この分布に基づいて、ほとんどが短距離の移動ですが、微小な一定確率で長距離の移動を行うランダムウォークです。最適化においては、正規分布に従うランダムウォーク（Gaussian flight）を用いる場合に比べ、効率的な探索が可能とされています [116]。

たとえば、目的関数を $f(\boldsymbol{x}),\ \boldsymbol{x} = (x_1, \cdots, x_d)^T$ とします。このとき、カッコウは巣 i について、次式に従って新たな解候補を生み出します。

$$
\boldsymbol{x}_i^{t+1} = \boldsymbol{x}_i^t + \alpha \otimes \text{Lévy}(\lambda) \tag{3.19}
$$

ここで $\alpha (> 0)$ は問題のスケールに関係する係数です。ほとんどの場合には $\alpha = 1$

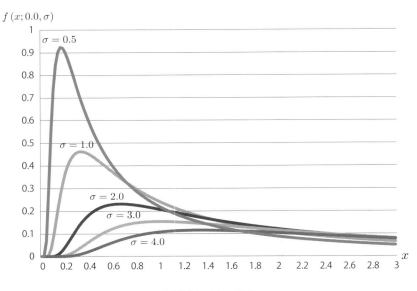

■ 図 3.31：Lévy 分布

です。⊗ は要素ごとに α を掛けることを表しています。Lévy(λ) は各要素が Lévy 分布に従う乱数ベクトルであり、以下のように実現します。

$$\text{Lévy}(\lambda) \sim \text{rand}(0,1) = t^{-\lambda} \quad 1 < \lambda \leq 3 \tag{3.20}$$

ただし、rand$(0,1)$ は 0〜1 の一様乱数です。この式は、本質的にはランダムウォーク（一様分布に従う乱数）ですが、重い裾野（heavy tail）のあるべき乗の歩幅の分布となっています。そのため、無限の平均と無限の分散を持ちます。式 (3.20) のように、レヴィ飛行の長距離移動には、指数が -1〜-3 の指数分布を用います。

p_a はスイッチ確率（switching probability）と呼ばれるパラメータで、この確率で最もできの悪い卵（＝解）が宿主の鳥によって取り除かれます。この確率は exploration（探索）と exploitation（活用）のバランスを調整します。

では、1.3 節で説明したナップザック問題 P07 をカッコウ探索（CS）で解いてみましょう。その結果を**表 3.2** に示します。淘汰数とは放棄する巣の数のことです。GA の表 1.3 と比較してみましょう。CS の計算量は 1/10 以下ですが、ほぼ同じくらいの精度が出ています。巣の数が少ないほど急激に解に近づいています。これは素早く解を求められる反面、局所解に収束してしまう可能性もあることを示しています。この例からわかるように、レヴィ飛行の特性から GA に比べて CS

3.6　ハーモニーのセッション：Harmony Search

■表 3.2：カッコウ探索によるナップザック問題の解法（最適解からのずれ）

巣の数	放棄する巣の数 淘汰数	世代数		
		50	100	200
100	10	88.39	39.34	24.42
	25	35.59	24.17	16.79
	50	22.40	14.90	9.32
500	50	81.40	48.86	33.59
	125	38.57	26.88	19.73
	250	22.26	16.82	13.18

は数倍速く実行できます。

　また、CS ではユーザが調整すべきなのは放棄される巣の数のみです。つまり、PSO や後述するハーモニー探索に比べてパラメータ数が少ないという特長があります。さらに、CS は PSO や ACO と比べて頑健とされています [31]。

3.6　ハーモニーのセッション：Harmony Search

　ハーモニー探索（Harmony Search：HS）[40] はジャズのセッション（人間の即興演奏の生成過程）に基づいて作られたメタヒューリスティクスです。ミュージシャンは、主に以下のいずれかの方法で即興を行います。

- 既知の（記憶の中にある）フレーズ（音階）をそのまま用いる。
- 既知のフレーズの一部を変更・修飾して用いる。記憶中にある 1 つの音階に隣接する音階を演奏する。
- 新しいフレーズを作成する。演奏可能領域の中のランダムな音階を演奏する。

ミュージシャンが作曲するとき、記憶にあるさまざまな音階の組み合わせを考える過程を一種の最適化と見なします。多くのメタヒューリスティクスが魚や虫などの生物による群知能に基づいているのに対し、HS はある美的基準に従って調和のとれたハーモニーを探索する音楽的過程から着想を得ています。

　ハーモニー探索（HS）はミュージシャンが行っている過程を模倣し、以下の 3 つの規則に従って最適解を探索します。

- HS 記憶から任意の値を選択する。

第 3 章　メタヒューリスティクス

- HS 記憶から任意の値に隣接した値を選択する。
- 選択可能範囲からランダムな値を選択する。

ハーモニー探索では、解候補のベクトルをハーモニー、解候補の集合をハーモニーメモリ（HM：Harmony memory）と呼びます。ハーモニーメモリ内の解候補を一定の手順で入れ替えます。一定の回数（または、終了条件を満たすまで）これを繰り返し、最後にハーモニーメモリ内に残っているハーモニーのうち、最良のものを最終解とします。

ハーモニー探索のアルゴリズムを **Algorithm 2** に示します。ここで、$HMCR$（Harmony Memory Considering Rate）がハーモニーメモリ内のハーモニーを選択する確率、PAR（Pitch Adjust Rate）はハーモニーメモリから選択したハーモニーに手を加える確率です。HMS はハーモニーの数（集団数）であり、通常 50 から 100 の間に設定されます。

新たな解候補（ハーモニー）は、ハーモニーメモリから $HMCR$ に基づいて生成されます。$HMCR$ は現在の HM から構成要素[*10]を選択するときの確率です。つまり、$1 - HMCR$ の確率で新たな構成要素をランダムに生成します。このあとでさらに PAR の確率で突然変異します。bw（Bandwidth）は突然変異の最大サイズです。新しく生成された解候補（ハーモニー）が HM の最悪解よりもよい場合、それを入れ替えます。

この手法は遺伝的アルゴリズム（GA）に類似しています。ただし、GA では 1 つもしくは 2 つの現存する染色体の連なり（親個体）のみを用いて子供の染色体を生成するのに対し、HS では HM のすべてのメンバーが親候補となる点で異なっています。

[Algorithm 2]　ハーモニー探索

for $i = 1$ to HMS do　　　　　　　　　　　　　▷ HM の初期化
　　for $j = 1$ to n do　　　　　　　　　　　▷ n：ハーモニーの長さ
　　　　HM の中の x_j^i をランダムに初期化する。
　　　　　　　　　　　▷ x_j^i：i 番目のハーモニーの j 番目の位置
　　end for

---

*10　GA での遺伝子型（genotype）における各遺伝子座（allele）に相当する。

80

```
end for
while 終了条件が満たされない do                    ▷ 新しい解候補 x を生成する。
    for j = 1 to n do
        if rand(0, 1) < HMCR then
            ランダムに選んだ HM の成員 x の j 番目の次元要素を $x_j$ とする。
            if rand(0, 1) < PAR then
                bw を適用して、$x_j$ を突然変異する。
                $x_j = x_j \pm \text{rand}(0, 1) \times bw$
            end if
        else
            x 中の $x_j$ をランダム値とする。
        end if
    end for
    $f(x)$ によって x の適合度を評価する。
    if $f(x)$ が HM の最悪成員の適合度よりもよい then
        HM の最悪成員を x で置き換える。                ▷ HM の更新
    else
        x を捨てる。
    end if
end while
後処理と可視化を行う。
```

3.7 蛍の光：Firefly Algorithm

　ホタルは生物発光を利用して発光し、空中を飛び回ります。この発光はメスを誘引するためです。それぞれのホタルが発光する明るさは個体により異なり、以下の原則に従って他のホタルを引き寄せるそうです。

- 魅力の強さは光の強さに比例する。
- より明るく光っているオスに、メスはより引き寄せられる。

第 3 章　メタヒューリスティクス

● 光の強さは距離により減少する。

ホタルの点滅に基づく探索手法がホタル探索（Firefly algorithm：FA）です [117]。このアルゴリズムでは、性別の区別をしません。つまり、すべてのホタルは他のホタルに引き寄せられます。この際、ホタルの光の強さは目的関数によって決まります。最小化問題を解く場合、よりよい関数値（適合度）にいるホタルのほうが強い光を放ちます。さらに、最も光っているホタルはランダムに動きます。

[Algorithm 3]　ホタル探索

ホタルの集団 $x_i\ (i = 1, 2, \cdots, n)$ を初期化する。

$\qquad\qquad\qquad\qquad\ \triangleright$ 最適化すべき目的関数 $f(x),\ x = (x_1, \cdots, x_d)^T$

光吸収係数 γ を設定する。

$t = 1$ $\qquad\qquad\qquad\qquad\qquad\qquad\quad \triangleright$ 世代数のカウンタを初期化。

while $t < MaxGeneration$ であり、かつ終了条件が満たされていない do

$\quad$ for $i = 1$ to n do $\triangleright$ すべての n 匹のホタルに対して

$\qquad$ for $j = 1$ to n do $\triangleright$ すべての n 匹のホタルに対して

$\qquad\quad x_i, x_j$ における光強度 I_i, I_j を f によって決定する。

$\qquad\quad$ if $I_i > I_j$ then

$\qquad\qquad$ すべての d 次元においてホタル i をホタル j に動かす。

$\qquad\quad$ end if

$\qquad\quad$ 魅力は距離 r に応じて、$e^{-\gamma r}$ によって変化する。

$\qquad\quad$ 新しい解を評価して、光強度を更新する。

$\qquad$ end for

$\quad$ end for

$\quad$ ホタルを順序付けて、最良個体を見つける。

$\quad t = t + 1$

end while 後処理と可視化を行う。

FA の概要を **Algorithm 3** に示します。ホタル i がホタル j に引き寄せられるときの移動式は次のようになります。

$$x_i^{new} = x_i^{old} + \beta_{i,j}(x_j - x_i^{old}) + \alpha \left(\mathrm{rand}(0, 1) - \frac{1}{2} \right) \qquad (3.21)$$

82

ただし、rand$(0,1)$ は $0 \sim 1$ の一様乱数です。α はランダム値の大きさを決める
パラメータであり、$\beta_{i,j}$ はホタル i に対するホタル j の魅力の強さを表します。具
体的には以下の式を用います。

$$\beta_{i,j} = \beta_0 e^{-\gamma r_{i,j}^2} \tag{3.22}$$

β_0 は $r_{i,j} = 0$ のとき、つまり 2 匹のホタルが同じ位置にあるときの魅力の強さで
す。$r_{i,j}$ はホタル i とホタル j とのユークリッド距離を表すため、魅力の強さはホ
タル間の距離によって変化します。

　最も光強度の強いホタルは次式に従ってランダムに動きます。そうしなければ、
初期配置における最良の解に全体が収束してしまうからです。

$$\boldsymbol{x_k}(t+1) = \boldsymbol{x_k}(t) + \alpha \times \text{rand}(-1, +1) \tag{3.23}$$

ただし、rand$(-1, 1)$ は -1 から $+1$ までの一様乱数です。

　魅力は距離が大きいほど弱くなるため、ホタル探索ではホタルすべてが 1 カ所
に集合することはありません。その代わりに、いくつかの離れた場所で群れを形
成するようになります。

　ホタル探索は多峰性の最適化問題に向いています。そのため、PSO よりもよい
結果が出るとされています。ホタルを 2 つのグループに分け、影響されるホタル
を同じグループに属すホタルに限るような拡張もあります。これにより、大域解
と局所解をともに探索することが可能となります。

　カッコウ探索と同じく、1.3 節で説明したナップザック問題 P07 を解いてみま
しょう。この探索では、各個体は長さ 15 のバイナリ列からなり（物体数は 15）、
GA と同じように対応する要素が 1（0）ならばその荷物をナップザックに入れる
（入れない）ことを意味します。

　このとき、ナップザック問題に対するホタル探索を **Algorithm 4** に示しま
す **[28]**。ここでは、2 匹のホタルが魅力に応じて移動する部分のみを記述してい
ます。なお、x_{ik} は i 番目のホタルの k 番目の荷物情報です。$f(x_i)$ は i 番目のホ
タルの価値（ナップザックに入っている荷物の総価値）であり、GA における適
合度に相当します（重さの制限を超えた場合には 0 とする）。

　ホタル i からホタル j への魅力度 β_{ij} は次の式で与えられます。

$$\beta_{ij} = \beta_0 e^{-\gamma r_{ij}^2} \tag{3.24}$$

また、ハミング距離は 2 つの文字列における異なる文字数（0、1 が異なる列数）

です。たとえば、0101 と 0011 のハミング距離は第 2 列と第 3 列の違いから 2 となります。

[Algorithm 4]　ホタル探索の移動（ナップザック問題）

if $f(x_i) < f(x_j)$ then　　　　　　▷ i ホタルが j ホタルよりも悪い。
　2 匹のハミング距離 r_{ij} を求める。
　ホタル i からホタル j への魅力度 β_{ij} を求める。
　for $k = 1$ to 荷物の数 do　　▷ i ホタルを j ホタルの情報をもとに変更する。
　　if $x_{ik} = x_{jk}$ then　　　　▷ x_{ik} は i 番目のホタルの k 番目の荷物情報。
　　　$x_{ik} := x_{jk}$　　　　　　　▷ k 番目の荷物の 0、1 を変更する。
　　else
　　　r を 0.0 から 1.0 までの一様乱数とする。
　　　if $r < \beta(r_{ij})$ then
　　　　$x_{ik} := x_{jk}$　　　　　　▷ k 番目の荷物の 0、1 を変更する。
　　　else
　　　　$x_{ik} := x_{ik}$　　　　　　▷ k 番目の荷物の 0、1 を変更しない。
　　　end if
　　end if
　end for
end if

このアルゴリズムで探索した結果を**表 3.3**に示します。ここでは、ホタルの集団数 500、生成されるホタルの総個体数 25,000 として探索しています。これは集団数 500、世代 50 の GA と同等の計算回数となっています（表 1.3 を参照）。表

■表 3.3：ホタル探索によるナップザック問題の解法（最適解からのずれ）

β_0	γ				
	0.004	0.006	0.008	0.01	0.012
0.1	4.790	3.850	5.090	4.940	5.280
0.2	2.810	3.210	3.140	3.040	3.650
0.4	1.410	1.600	2.030	1.480	1.840
0.8	1.150	0.590	0.430	0.740	0.630
1.0	4.040	2.300	2.150	1.400	1.500
1.2	6.970	5.280	3.970	2.980	2.610

は、最終的に得られた解の最適値からの誤差を示しています（100 回の実行の平均）。表から、ホタル探索では γ と β_0 を適切に設定すればかなり効率的に解を探索することがわかります。

ホタル探索はいくつかのグループに集まりながら探索するため、1 つの局所解には陥りにくいという特長があります。そのため、複数の局所解を同時に得ることもでき、さまざまな分野に応用されています。

3.8 好奇心はネコを殺す：Cat Swarm Optimization

ネコ探索（Cat Swarm Optimization：CSO）は、ネコの行動にヒントを得た最適化法です。ネコはほとんどの時間を安静に過ごしています。しかし、常に自分の周りの環境に興味を持ち、かつ非常に警戒しています。ネコはエネルギーを節約するために、休んでいる時間に比べて、獲物を追いかける時間は非常に短くなります。

これに基づいて、CSO には 2 つのモードがあります。

- **休憩モード**：休憩時間（休息していて周囲を観察している状態）を表す。ネコは獲物や危険を感知すると動くことを決断する。
- **追跡モード**：獲物を追いかけている時間を表す。休憩モードで獲物を見つけたあとに、追いかけるスピードと方向を決めて移動する。

CSO では、複数のネコが探索空間に生成され、これらがそれぞれ解候補となります。それらのネコが休憩モードと追跡モードの 2 つのグループに分けられます。このモードの比率が混合比（MR：追跡モードの数/休憩モードの数）です。ネコはほとんどの時間を安静にして周囲を観察することに費やすので、通常 MR は小さく設定されます。

休憩モードには以下の 4 つのパラメータがあります。

- SMP：休憩モードのネコのいくつを取り扱うか。ネコのメモリサイズを定義するために使われる。
- SRD：各パラメータをどのくらい変えるか。選択した次元における突然変異

の幅である。変更する場合、新しい値と古い値の差が SRD の範囲外にならないようにする。

- CDC：パラメータのうちいくつを変えるか。変化させる要素数を規定する。
- SPC：移動の候補かどうか。ネコがすでにいる場所が移動先の候補となるかを示す。

k 番目のネコ cat_k に対する休憩モードは以下のようになります。ただし、探索空間の次元数は M です。

Step1 j を以下のように設定する。

$$j = \begin{cases} SMP - 1 & SPC \text{ が } TRUE \text{ のとき} \\ SMP & \text{その他のとき} \end{cases} \quad (3.25)$$

Step2 k 番目のネコ cat_k の現在位置を j 個コピーする。

Step3 各々のコピーに対して、その位置を次式に従って置き換える。

$$x_{k,d} = (1 \pm SRD \times \text{rand}(0,1)) \times x_{k,d} \quad (3.26)$$

ただし $d \in \{1, 2, \cdots, M\}$ であり、変更する要素数（異なる d の数）は CDC を上限として選ばれる。

Step4 すべての候補点の適合度（FS_i）を計算する。ただし $1 \leq i \leq j$ である。

Step5 次式に従って各候補点（cat_i）の選択確率 P_i を計算する。

$$P_i = \frac{|FS_i - FS_b|}{FS_{max} - FS_{min}}, \quad 1 \leq i \leq j \quad (3.27)$$

ただし FS_i は cat_i の関数値（適合度）であり、FS_{max}、FS_{min} は関数の最大、最小値である。目的関数が最小値探索である場合は $FS_b = FS_{max}$、最大値探索なら $FS_b = FS_{min}$ とする。

Step6 選択確率 P_i を用いたルーレット選択に基づいて、ランダムに現在の候補点から移動する地点を選んで、cat_k の位置を置き換える。

追跡モードになると、各々のネコはそれぞれの速度に従って動きます。このモードは、以下の 3 つのステップにより表されます。

Step1 次式に従って、それぞれの次元 d における速度（$v_{k,d}$）を更新する。

$$v_{k,d} = v_{k,d} + \text{rand}(0,1) \times c_1 \times (x_{best,d} - x_{k,d}) \qquad (3.28)$$

ただし、$d \in \{1, 2, \cdots, M\}$ であり、$x_{best,d}$ は最も適合度のよいネコの位置である。c_1 はユーザの定義するスケーリングパラメータである。

Step2 速度が最高速度を超えていないかチェックする。最高速度を超えてしまった場合は、最高速度に修正する。

Step3 各々のネコの位置を次式に従って更新する。

$$x_{k,d} = x_{k,d} + v_{k,d} \qquad (3.29)$$

[Algorithm 5] ネコ探索

ネコの集団 cat_i $(i = 1, 2, \cdots, n)$ を、M 次元空間のランダムな位置 x_i として初期化する。 ▷ n：ネコの数

各ネコにランダムな速度を割り振る $(v_i; i = 1, 2, \cdots, n)$。

while 終了条件が満たされない do

    MR に従って、各ネコに休憩モードか追跡モードかのフラグを立てる。

    すべてのネコの適合度を計算し、ソートする。

    X_g を最良のネコとする。 ▷ 最良解のネコを見つける。

    for $i = 1$ to n do

        if cat_i が休憩モードである then

            休憩モードを始める。

        else

            追跡モードを始める。

        end if

    end for

end while

後処理と可視化を行う。

第4章

生物らしい計算知能

われわれを最も人間的にしているものは、
われわれの最も計算不可能な部分だ。
（ジョセフ・ワイゼンバウム）

4.1 反応拡散という知能

　反応拡散セラ・オートマトン（Reaction-Diffusion Cellular Automaton）は、2次元上の生化学反応をモデル化したものです。実際の化学反応では、ある分子の生成が伝搬するとともに、それに遅れて別の分子の沈殿が起こります。最初の分子の伝搬が出会うと反応はストップします。このような現象を計算機上に実現したモデルを、反応拡散計算（Reaction-Diffusion Computing）と呼びます。

　この計算モデルは画像処理などに用いられています。実際、拡散はノイズの除去に、反応はコントラスト強調に対応しています。そしてさまざまなパラメータを設定することで、反応拡散計算は以下のような画像操作を実現できます。

- 切れた輪郭の復元
- エッジの検出
- コントラストの改善

たとえば BZ 反応 [4] を用いて、画像処理の基本操作を実現する研究もあります。**図 4.1** は BZ 反応で（A）境界検出、（B）輪郭強調、（C）形状強調、（D）特徴強調等の処理を実現した結果です [23]。

　以下では反応拡散の応用として、

- ボロノイ図（Voronoi diagram）の生成

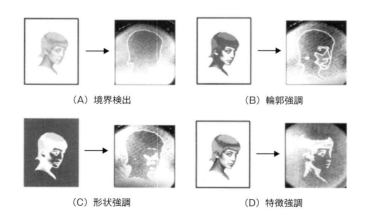

（A）境界検出　　　　（B）輪郭強調

（C）形状強調　　　　（D）特徴強調

■ 図 4.1：BZ 反応による画像処理 [23]

- 輪郭図からの骨組みの構成

について説明します。

4.1.1　ボロノイ図の構成

点の集合（生成点と呼ぶ）が与えられたとします。このとき、以下のような多角形を構成します（**図 4.2**）。

- 多角形内のすべての点は、その多角形内の生成点に（他の生成点よりも）最も近い。
- 2 次元ユークリッド平面の場合、領域の境界線は各生成点の二等分線の一部になる。

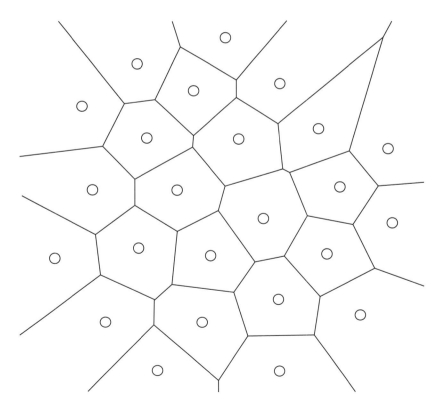

■図 4.2：ボロノイ図

生成点を含む多角形のことをボロノイ多角形と呼びます。ボロノイ多角形は生成点におけるテリトリと考えられます。たとえば、魚のテリトリとして最近発見された例を説明しましょう。2011 年、奄美大島の沖合で新種のフグ・アマミホシゾラフグ（Torquigener albomaculosus）が発見されました。オスの体長は約 15cm ですが、海底に直径 2m の放射状の複雑な産卵巣を作ります。この産卵巣を見たダイバーがミステリーサークルと呼ぶようになりました。産卵床（サークル）が完成するとメスを受け入れ、卵を産んでもらい繁殖を行います。このようなフグの巣が近接したときには、ボロノイ多角形が出現します（**図 4.3**）。

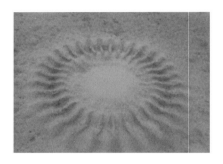

■図 4.3：ミステリーサークル（2019 年、奄美大島）（口絵参照）

ボロノイ図の例は自然界でも見られます。たとえば、ハチの巣のような縄張りを形作るカワスズメ（tilapia mossambica）が知られています。また、**図 4.4** はサンゴ（キクメイシ）による例です。

ボロノイ図は、次のように工学的にさまざまに利用されています。

- 衝突回避と経路形成
- 電力供給施設のサービスエリア設定

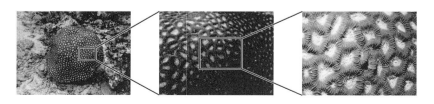

■図 4.4：サンゴ（Favia favus）におけるボロノイ図の例（2018 年、フィリピン、アニラオ）（口絵参照）

4.1 反応拡散という知能

◉最近傍によるパターン分類

ボロノイ図を作成するアルゴリズムは、計算幾何学（Computational Geometry）の分野で詳しく研究されています。しかしながら、一般にかなり煩雑で計算量も多くなります。

生成点 $p_1, p_2, p_3, \cdots, p_n$ が与えられたとき、最も単純な方法は次のように行うものです[*1]。

Step1 p_1 と p_2 を結ぶ線分の垂直二等分線 l_{12} を引き、その直線を境界線とする p_1 側の半平面 H_{12} を求める。

Step2 同様に、p_3 についても半平面 H_{13} を求め、共通部分の領域 $H_{12} \cap H_{13}$ を求める。

Step3 同様に、p_4 についても半平面 H_{14} を求め、共通部分の領域 $H_{12} \cap H_{13} \cap H_{14}$ を求める。

Step4 以下同様にして、共通部分の領域 $H_{12} \cap H_{13} \cap H_{14} \cap \cdots \cap H_{1n}$ を求める。これが生成点 p_1 のボロノイ多角形 V_1 となる。

Step5 同じことを他の点に関しても行い、生成点 p_i のボロノイ多角形 V_i ($i = 2, 3, \cdots, n$) を求め、全体のボロノイ図を得る。

このアルゴリズムは、1 つのボロノイ多角形を作るのに最悪の場合 $O(n^2)$ の手間がかかります。したがって、全体のボロノイ図作成の計算量は運が悪いと $O(n^3)$ となってしまいます。

そのため、次のような効率的な手法も提案されています。

逐次添加法 まず p_1, p_2, p_3 によるボロノイ図を作り、これに次々に点 $p_4, p_5, \cdots$ を 1 点ずつ付加していく方法。点を追加する状況は**図 4.5** を参照。

再帰二分法 n 個の生成点を x 座標に従って左右ほぼ $n/2$ 個ずつに分ける。それぞれ別にボロノイ図を作ってから、それらを併合して全体のボロノイ図を作る。このことを再帰的に繰り返す方法。分割統治法（Divide and conquer method）に基づく。

生成点を付加する順番を特に工夫しないと逐次添加法は $O(n^{3/2})$ の計算時間ですが、工夫すると平均 $O(n)$ となります。また、再帰二分法では平均的に $O(n \log n)$

[*1] 以下では、2 次元ユークリッド空間（平面）上でのボロノイ図を考える。

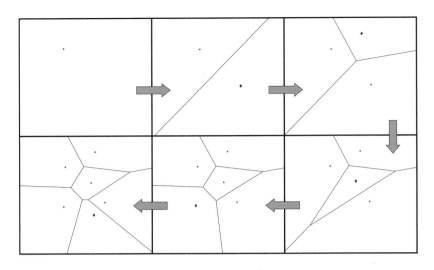

■ 図4.5：逐次添加法

の計算時間を必要とします。

　これらのアルゴリズムを念頭において、反応拡散計算によるボロノイ図を作成してみましょう[*2]。そのアイディアは簡単です。すべての生成点から水が湧き出していると仮定します。湧き出し量はすべての生成点で同じです。水は四方、八方に次第に広がっていくでしょう。このとき、異なる生成点からの水同士がぶつかった場所がボロノイ図形の境界となります。ただし、水の伝わり方にはさまざまな種類があります。以下では、反応拡散セルラ・オートマトンを用いてボロノイ図を導出します[22]。これには状態数を$n+3$個とした O(N)-Algorithm と、状態数を 4 個とした O(1)-Algorithm があります。

　O(N)-Algorithm は、以下の $n+3$ 個の状態をとります。

$1, 2, \cdots, n$	興奮状態（酸化が活発）
$-$	不応状態（還元が活発）
●	休止状態（どちらもなし）
#	沈殿（二等分線作成）

[*2] 反応拡散計算によるボロノイ図作成ソフトは筆者のホームページからダウンロードできる。

更新規則は以下のようになります。

$$
x^{t+1} = \begin{cases}
\# & (x^t \in \{1, \cdots, n, \bullet\} \wedge \mid I(x)^t \mid \geq 2) \vee (x^t = \#) \text{ のとき} \\
+ & (x^t = \bullet) \wedge I(x)^t = \{+\} \text{ のとき} \\
- & (x^t = +) \wedge (I(x)^t = \{+\} \vee I(x)^t = \{\phi\}) \text{ のとき} \\
\bullet & (x^t = -) \vee (I(x)^t = \{\phi\} \wedge (x^t = \bullet)) \text{ のとき}
\end{cases}
$$

ただし、$+$ は $1, 2, \cdots, n$ のことです。$I(x)^t$ は時刻 t で興奮している隣接セルです。

この更新規則に従うと、たとえば次のような遷移が起こります。

$$
+ \Longrightarrow \begin{cases}
- & |I(x)^t| = 0 \vee I(x)^t = \{+\} \text{ のとき} \\
\# & |I(x)^t| \geq 2 \text{ のとき}
\end{cases}
$$

$$
\bullet \Longrightarrow \begin{cases}
\bullet & I(x)^t = \{\phi\} \text{ のとき} \\
+ & I(x)^t = \{+\} \text{ のとき} \\
\# & |I(x)^t| \geq 2 \text{ のとき}
\end{cases}
$$

図 4.6 は、O(N)-Algorithm による単純な反応例を示しています。

O(1)-Algorithm では状態が 4 個あり、その更新規則は次のようになります。これは 4 近傍（ノイマン近傍、上下左右）の場合です。

$$
+ \Longrightarrow \begin{cases}
- & S(x)^t = 0 \text{ のとき} \\
\# & S(x)^t \geq 1 \text{ のとき}
\end{cases}
$$

$$
\bullet \Longrightarrow \begin{cases}
\bullet & S(x)^t = 0 \text{ のとき} \\
+ & (S(x)^t \geq 1) \wedge (S_v(x)^t < 2) \wedge (S_h(x)^t < 2) \text{ のとき} \\
\# & (S_v(x)^t = 2) \vee (S_h(x)^t = 2) \text{ のとき}
\end{cases}
$$

8 近傍（ムーア近傍、上下左右の他に斜めの 4 方向）の場合には、更新規則は次のようになります。

$$
+ \Longrightarrow \begin{cases}
- & S(x)^t < 4 \text{ のとき} \\
\# & S(x)^t \geq 4 \text{ のとき}
\end{cases}
$$

第 4 章　生物らしい計算知能

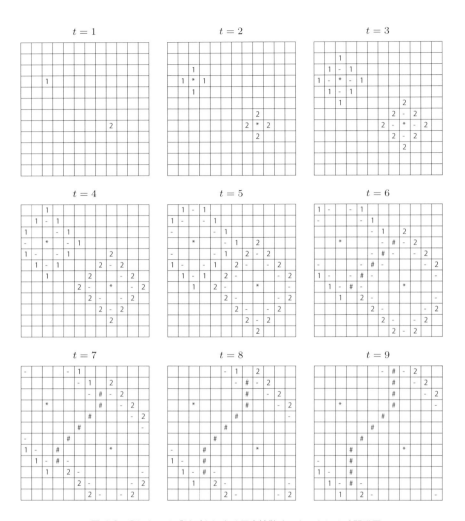

■図 4.6：O(N) アルゴリズムによる反応拡散オートマトンの時間発展

$$\bullet \implies \begin{cases} \bullet & S(x)^t = 0 \text{ のとき} \\ + & (4 > S(x)^t \geq 1) \land (\neg P(x)^t) \text{ のとき} \\ \# & (S(x)^t \geq 4) \land P(x)^t \text{ のとき} \end{cases}$$

図 4.7 は、O(1)-Algorithm による単純な反応例を示しています。
図 4.8 は、2 点に対してボロノイ図をさまざまな条件で導出した結果です。2

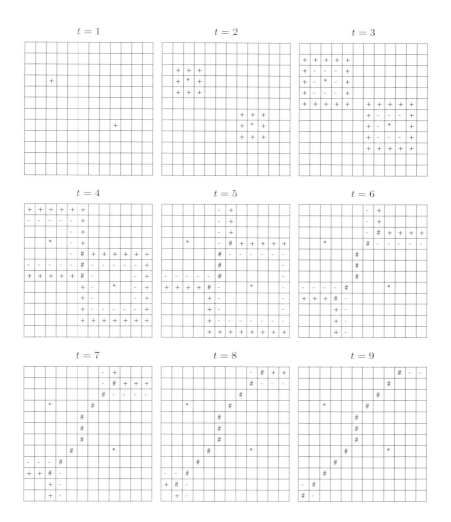

■ 図 4.7：O(1) アルゴリズムによる反応拡散オートマトンの時間発展

点の x 軸の距離を dis_x、y 軸の距離を dis_y とします。この結果を見ると、近傍の定義の仕方や 2 点間の距離を変えることで、領域の分け方および領域を分ける線の太さが変わっていることがわかります。特に O(1)-Algorithm を用いて、$dis_x = dis_y$ の場合には、領域が完全に二等分されていません（4 近傍のとき）。4 近傍の O(N)-Algorithm では、$dis_x = dis_y$ の場合に領域を区別する線が垂直二等分線となっています。

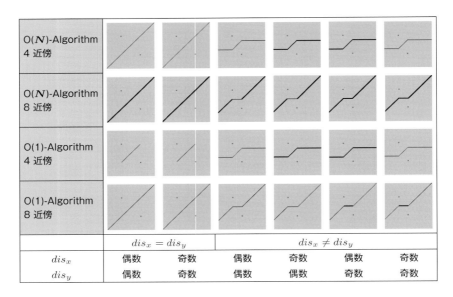

■図 4.8：2 点に対するボロノイ図

また、10 点ランダムに配置した場合のボロノイ図が**図 4.9** です。図は左から近傍点を 4 近傍とする場合の O(N)-Algorithm の結果、近傍点を 8 近傍とする場合の O(N)-Algorithm の結果、近傍点を 4 近傍とする場合の O(1)-Algorithm の結果、近傍点を 8 近傍とする場合の O(1)-Algorithm の結果となっています。

これまでに説明したアルゴリズムでは、ある化学物質が次の時間では周辺の領域へと伝搬します。「周辺」の定義として、距離を扱うのにさまざまなノルムが考えられています。ベクトル $\boldsymbol{x} = (x_1, x_2, \cdots, x_n)$ に対する主なノルムとして、以下のものがあります。

$$L_1 \text{ ノルム}: |x_1| + |x_2| + \cdots + |x_n|$$
$$L_2 \text{ ノルム}: \sqrt{x_1^2 + x_2^2 + \cdots + x_n^2}$$
$$L_\infty \text{ ノルム}: \max\{|x_1|, |x_2|, \cdots, |x_n|\}$$

生成されるボロノイ図はノルムによってかなり異なります。各ノルムの伝搬の違いを見てみましょう。ここでは L_1 ノルムおよび L_∞ ノルムの半径は 1、L_2 ノルムの半径は 3 としました。場が離散的なため、半径 1〜2 では L_1 ノルムと L_2 ノルムが同一になってしまうからです。

4.1 反応拡散という知能

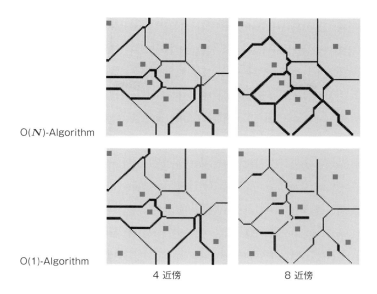

O(N)-Algorithm

O(1)-Algorithm

4 近傍　　　　　　　　8 近傍

■ 図 4.9：10 点に対するボロノイ図（口絵参照）

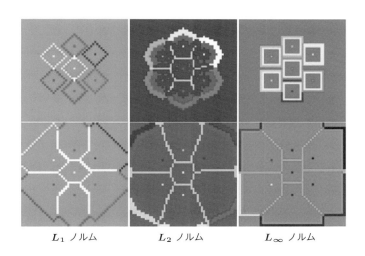

L_1 ノルム　　　　　　L_2 ノルム　　　　　　L_∞ ノルム

■ 図 4.10：ノルムによる伝搬の違い（六角形の場合）（口絵参照）

図 4.10 は、シード点を六角形に配置した場合の結果です。上段は発展過程であり、下段は終了間際です。L_1 では中央部は六角形になっていますが、L_2 ノルムでは円、また L_∞ ノルムでは四角になっています。

第 4 章　生物らしい計算知能

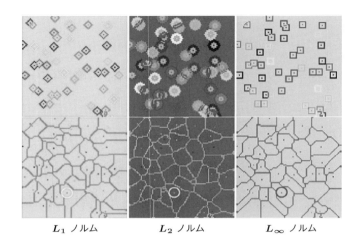

■ 図 4.11：ノルムによる伝搬の違い（ランダム点の場合）（口絵参照）

図 4.11 は、多くのランダムなシード点を撒いてシミュレーションした様子です。図 4.11 の下段 3 つのボロノイ図に注目すると、違いがよく見られます。円で印を付けたシードの領域は、ノルムごとに形状や領域に明確な違いが生じています。このように、物理現象のメタヒューリスティクスを用いる場合はノルムの選択に細心の注意を払う必要があります。

4.1.2　細線化

細線化は、文字認識やパターン認識の前処理として頻繁に使用される技法です。二値画像を幅 1 ピクセルの線画像に変換する処理を細線化と呼びます（**図 4.12**）。

細線化のアルゴリズムとしては、さまざまなものが知られています。たとえば、Hilditch の細線化は次のように実行されます **[50]**。

 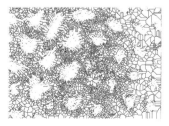

■ 図 4.12：サンゴの細線化（口絵参照）

4.1 反応拡散という知能

Step1 背景画素を 0、図形画素を 1 とする。

Step2 次の条件を満たす画素を探す。

- 図形画素（1）である
- 境界点である
- 端点を削除しない
- 孤立点を保存する
- 連結性を保存する

Step3 条件を満たした画素を消す。

Step4 消せる画素がなくなるまで **Step1** ～ **Step3** を繰り返す。

また、**表 4.1** にあるパターンを利用した田村のアルゴリズム **[106]** は次のように
なります。ただし 1 は黒の画素、0 は白の画素、* は白・黒どちらでもよい画素
となっています。

Step1 パターン 1 に該当する場合、画素を除去する。ただし、除去しないパター
ンを除く。

Step2 画素を除去しなかった場合には終了する。画素を除去した場合、次に
進む。

Step3 パターン 2 に該当する場合、画素を除去する。ただし、除去しないパター
ンを除く。

Step4 画素を除去しなかった場合には終了する。画素を除去した場合、**Step1**
に進む。

このように従来のアルゴリズムは比較的複雑ですが、反応拡散セルラ・オート
マトンを用いると容易に細線化を実現することができます[*3]。この方法は基本的
には O(N)-Algorithm と同様です。以下の 4 種類の状態を使用します。

EXC	興奮（酸化が活発）
REF	不応（還元が活発）
RES	休止（どちらもなし）
PRE	沈殿（二等分線）

---

*3 反応拡散計算による細線化作成ソフトは筆者のホームページからダウンロードできる。

第 4 章　生物らしい計算知能

■ 表 4.1：田村のアルゴリズムで用いられるパターン

パターン 1

除去するパターン	
除去しないパターン（その 1）	
除去しないパターン（その 2）パターン 2 と共通	

パターン 2

除去するパターン	
除去しないパターン（その 1）	
除去しないパターン（その 2）パターン 1 と共通	

　時刻 t でセル x の興奮している（EXC）隣接セル数を $s^t(x)$ とします。このとき、細線化処理の更新規則は次のようになります（8 近傍の場合）。

$$x^{t+1} = \begin{cases} \text{EXC}, & (x^t = \text{RES}) \wedge (1 \leq s^t(x) \leq 4), \\ \text{REF}, & (x^t = \text{EXC}) \wedge (s^t(x) \leq 4) \vee (x^t = \text{REF}), \\ \text{RES}, & (x^t = \text{RES}) \wedge (s^t(x) = 0), \\ \text{PRE}, & \{(x^t = \text{RES}) \vee (x^t = \text{EXC})\} \wedge (s^t(x) \geq 5) \vee (x^t = \text{PRE}), \end{cases}$$
(4.1)

図 4.13には細線化を適用した結果を示します。Tの棒の太さを変えて実行しました。緑色内部の黒線が細線化の結果です。一番左の図では細線化に成功していますが、棒の太さを変えると線の間が空いたり、意図しない点ができています。より複雑な文字に対しての細線化の様子を**図 4.14**に示します。

■図 4.13：反応拡散計算による細線化過程（口絵参照）

■図 4.14：反応拡散計算による細線化過程（その 2）（口絵参照）

4.2 拡散律速凝集とは？

拡散律速凝集（DLA：Diffusion-Limited Aggregation）は、結晶などの成長のモデルです。たとえば、

第 4 章　生物らしい計算知能

- 金平糖
- 金属樹（金属の樹木状結晶）
- バクテリアコロニー
- 雪片

などの成長過程を扱うことができます。これらの結晶はその一部と全体が相似であり、フラクタルを形成しています。DLA ではその構造を統計的にシミュレートできます。

　DLA では、溶媒中の粒子の浮遊・拡散をランダムウォークとして扱います。この粒子は結晶化した部分に吸着します。なお、実際の現象では結晶からの融解もありますが、これについては扱いません。より詳細に言うと、DLA は次のように動作します。

- システム中央に種となる結晶がある。
- 遠方から結晶粒子がブラウン運動（Brownian Motion）しながらランダムウォークで近づく。
- すでに結晶となっている部分に粒子が接触すると、その場所に一定の確率（吸着率）で吸着し結晶となる。

　DLA では、粒子が結晶に隣接した際の吸着率を変化させることで、結晶の成長を特徴付けます。つまり、吸着率が高いときには、粒子は外側の結晶と吸着しやすくなり、細く長く成長するようになります。一方、吸着率が低いときには、粒子が結晶の内部に入り込む確率が高くなり、結晶は太く成長するようになります。

4.3　スライムという知能

　粘菌（myxomycete、slime mold）は朽木や土壌に住む小さな生物です。粘菌のライフサイクルを**図 4.15** に示します。粘菌が成長するためには、十分な栄養、酸素、湿度、および適当な温度が必要です。これらの条件が満たされたときにのみ、空中に放出される胞子を生産して繁殖して増殖します。放出された胞子は成長に適さない場所に落下して、たいていは死んでしまいます。しかし、運よく条件が満たされる場所に着地した胞子は生き残ります。胞子が生き残ると、成長して

104

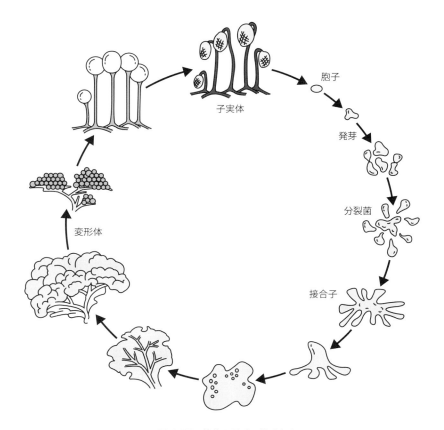

■ 図 4.15：粘菌のライフサイクル

胞子嚢（sporangia）を産み、新たな胞子が空中に放出されます。さらに粘菌は、アメーバのように移動する形態およびキノコのような形態を持っています。これはアメーバ状の多核単細胞生物です。このときには、変形体と呼ばれる栄養体が移動しながら、微生物などを接種します。つまり粘菌は、変形体という動物的性質に加えて、胞子によって繁殖するという植物性の性質も併せ持つ特異な生命体です。

粘菌の変形体には神経系などの情報処理・制御器官はありません。それでもかなり知的な振る舞いをすることが知られています。実際、真性粘菌を利用して、2次元迷路の最短経路を解く研究がなされています [76]。粘菌を利用したこの探索手法は、次の2ステップからなります。

Step1 粘菌の変形体を迷路全体に行き渡らす。
Step2 入り口と出口に栄養源を置く。

Step2 において、粘菌が栄養を取り入れる形状を最適化することで最短経路が得られます。これを可能にするのは、粘菌中の細胞に多数存在するリズム体（振動子）による収縮運動、および栄養を運搬する管の形態形成の相互作用とされています。粘菌のような原始生命体が知性的な振る舞いを示すことには驚かされます。実際、粘菌の細胞の単純な行動原則が高度な問題解決を実現するのです。この関連研究はイグ・ノーベル賞[*4]を 2008 年（認知科学賞）と 2010 年（交通計画賞）の二度、受賞しています（**図 4.16**）。

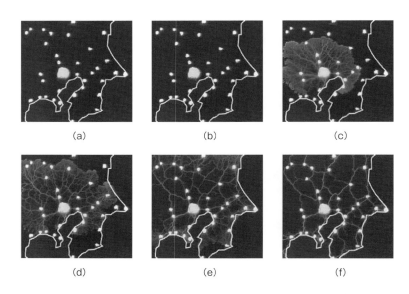

■ 図 4.16：粘菌知能によるネットワーク生成。粘菌が東京を中心とする首都圏の鉄道網と類似のパターンを生成している [107]

中垣らは、管状の流路を構成する粘菌の変形体が成す栄養流を流体力学的見地からモデル化し、物理的なシミュレーションとして経路探索を行う手法を実現しました。真性粘菌モジホコリの基本的な行動は、形質的なものと生態的なものがあります。形態的な性質としては、次のものが知られています。

[*4] 「人々を笑わせ、そして考えさせてくれる研究」に与えられる賞。ノーベル賞のパロディーであるが、毎年ハーバード大学で行われる授賞式にはプレゼンターとしてノーベル賞受賞者も多数参加する。

4.3 スライムという知能

1. バラバラになった変形体が接触すると、簡単に融合し1つの変形体となる。
2. 巨視的には細かく枝分かれした管状の流路ネットワークからなる。
3. できるだけ個体性を維持しようとする（分裂よりは結合を好む）。
4. 栄養源を大きな体で囲もうとする。

また、経路探索にかかわる生態的な性質には次のようなものがあります。

1. 細胞リズムによる収縮運動が伝わる方向の管は強化され、それに直交する管は衰退する。
2. 栄養が多く供給されている細胞ほど収縮運動のリズムは早くなる。

　粘菌の変形体を非線形振動子の集まりとして考えると、知的行動の創発をうまく説明できます [8]。粘菌では、細胞の厚み、カルシウム濃度、ATP濃度などさまざまなものが振動しています。これらの局所的な振動の相互作用によって、全体として整合的に振る舞うのです。たとえば、変形体の両側に2種類の餌を置いてみると、粘菌にとって好ましい（誘因刺激が高い）餌の近くのほうが振動数が高くなります。複数の振動子が同時に振動していると、引き込み現象[*5]が起こります。この場合には振動数が同じになる代わりに位相勾配が創発し、高い振動数の振動子から低いほうへカルシウム濃度の勾配ができます。このカルシウム濃度の勾配により運動系を制御して、好ましい餌のほう（高い振動数のほう）へと粘菌を動かすのです。

　以下のシミュレーション（**図4.17**参照）では、粘菌細胞を1つの固体として上記の迷路探索を再現してみましょう。互いに結合した固体を迷路全体にあらかじめ分布させます。また、栄養の運搬と摂取による固体の寿命を仮定します。つまり、餌自体や栄養を取り入れた細胞に対して、各細胞が志向性を持って近づき結合する性質のみに注目します。この際、各細胞は一定数（5マス）の縦横方向の視界を持ち、その範囲に餌または餌に接触した細胞を発見するとその方向へと近づきます。

　初期値として粘菌細胞を5000個、幅124ドットの正方形迷路に分布させた結果を**図4.18**に示します。図の黄色の点がカビ、赤色の2つの点は迷路の出発点とゴールです。初期段階（a）では黄色の粘菌細胞が広く分布します。このうち餌

---

*5　複数の振動子が相互作用によって振動を揃える現象。複数のメトロノームを同時に動かしたとき、二人でブランコを漕いだときなどに観察される。2000年6月に開通したロンドンのミレニアム橋では、大勢の歩行者が自動的に歩調を合わせた結果大きく揺れてしまい、橋は3日後に閉鎖された。

第 4 章　生物らしい計算知能

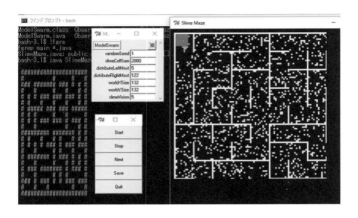

■ 図 4.17：粘菌による迷路探索のシミュレータ（口絵参照）

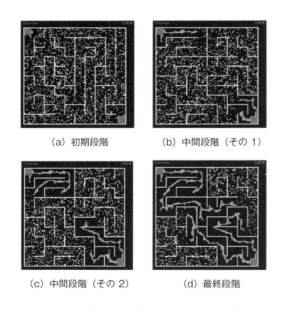

(a) 初期段階　　　　　(b) 中間段階（その 1）

(c) 中間段階（その 2）　　(d) 最終段階

■ 図 4.18：粘菌による迷路の探索過程（口絵参照）

の赤いマスに近いものは餌との接触を試みます。また、餌と接触したオレンジ色の細胞は他の黄色い細胞のターゲットとなります。その結果、経路を進行するように細胞が合体していく様子が観察されます（中間段階 (b)）。さらに段階が進むと、経路を分岐して細胞の合体が起こり、迷路の探索が行われていきます（中間

段階（c））。最終段階（d）になると、出発点とゴールをつなぐまで細胞が成長し、迷路の解を形成します。

　上で述べたシミュレーションはDLAに基づくものであり、各細胞が従うルールは栄養を持った要素への接触のみとなっています。しかし、ここで用いたようなごく単純なルールだけでも、簡単な迷路の経路探索ができています。ただし、経路探索に要する時間的・空間的コストは他の迷路解探索アルゴリズムと比べてよくありません。より実際的な粘菌シミュレーションのためには、細胞の生成・消滅、管形成の原理、栄養の輸送といった粘菌の生理的性質にかかわる情報を加味する必要があります。たとえば、粘菌の経路を複雑系ネットワークととらえて、栄養分の輸送を動的力学系として解析する研究もあります **[15]**。

第 **5** 章

ニューロ進化と
遺伝子ネットワーク

進化は、類人猿の脳に存在する機能の多くに、

根本的に異なる目的をもたせなおし、まったく新しい機能を創出する方法を見出した。

そのなかのあるものは、きわめて強力であるため、

生命がありきたりの化学現象や物理現象を超越するのと同じ程度に、

類人猿の状態を超越する種がつくりだされた。

（V・S・ラマチャンドラン）

5.1 ニューロ・ダーウィニズムとは？

ニューロ・ダーウィニズム (Neural Darwinism) は、1972 年にノーベル生理学・医学賞を受賞したエーデルマン (Gerald Edelman, 1929–2014) が提唱したニューロ進化に関する考え方です [36]。その基本的な考え方は、ニューロン（神経細胞）に対する「Grow, then prune（育てよ。そして刈り込め）」というものです。より詳しく言えば、次のようになります（図 5.1）。

> **ニューロ・ダーウィニズム（Neural Darwinism）**
> - 多すぎるニューロンを作り、そのあとで使わないものを刈る。
> - 基本方針は、使うか捨てるかである（use it or lose it）。

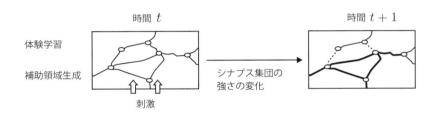

■ 図 5.1：ニューロ・ダーウィニズム

この説によるニューロンの生き残りは、進化論における適者生存 (survival of the fittest) に近いものです。実際に、大人よりも乳児において脳細胞は 30〜60% 以上多いことが知られています。動的なシナプスの活動が永続的な接続を強化して、記憶として蓄積させられるまで神経活動のパターンをコード化します。

ニューロ・ダーウィニズムでは、学習の過程が神経系内部で起こる選択過程として説明されます。この理論が強調するのは、刺激と習慣が脳内の特定領域における接続を増やす方法です。つまり、あるタスクを練習することでその特定のタスクに使われたニューラルネットワークが強化されます。学習に関する「タスク特異性」の考えはニューロ・ダーウィニズムにおいて重要です。すべてのスキルはタスク特異的であり、スキルの学習は特異的になされると考えられています。

ニューロ・ダーウィニズムの考え方を用いて、ニューラルネットの学習と進化計算を統合したフレームワークがニューロ進化です。

ニューロ・ダーウィニズムに基づく発生系における現象で、多くの神経構造が解明されています。たとえば、げっ歯類ではヒゲの並びに対応した配列と同じパターンを持つバレル構造[*1]が見つかっています [91]（図 5.2）。

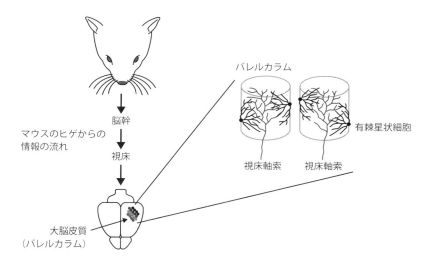

■ 図 5.2：ヒゲの並びに対応した神経構造

これは 5.4 節で説明するように、ニューロ進化で得られる構造に類似しています。
エーデルマンは、人間のゲノムは脳の全体構造をコード化するには小さすぎると述べています。つまり、すべてのニューロンの接続関係を記述するにはゲノムの情報量では余りにも不十分なのです。このことから、遺伝子にコード化されているのは脳の構造ではなく、遺伝子ネットワークにより調節されてモデル化される脳の発達過程なのです。

5.2 ニューラルネットワークの進化

進化論的手法とニューラルネットワークを統合する進化型ニューラルネットワーク（Evolutionary Artificial NN：EANN）のアプローチはニューロ進化と呼ば

[*1] 大脳において似た性質の神経細胞の集まる円柱状の領域。ネズミの感覚野では、ヒゲの 1 本 1 本に対するコラムが存在するとされている。

第 5 章　ニューロ進化と遺伝子ネットワーク

れ、盛んに研究されています。進化型ニューラルネットワークの主要な特徴は、最適なネットワークを遺伝的に探索することです。それにより、通常のニューラルネットワークの探索に伴う手間（試行錯誤によるネットワークを構築など）を省くことができます。

　通常のニューラルネットワークで用いられるバックプロパゲーションによる学習は、最急降下法に基づくため、しばしば局所解に陥ることが指摘されています。この欠点を補うために、進化論的手法で結合加重を学習する方法が提案されています。つまり、ネットワークの結合加重を遺伝子型として表現し、進化計算を用いて探索します。この場合の適合度は、（遺伝子型の表す）ニューラルネットワークの出力の誤差やタスクの成功率から求めます。結合加重の表現方法（遺伝子型表現）としては、バイナリ文字列や実数値ベクトルが考えられます。

　また、ニューラルネットワークの学習ではネットワーク構造を前もって与える必要があります。それに対してニューロ進化では、タスクに応じた適切なネットワーク構造・サイズ（ノードの数）を適応的に学習することが可能です。ネットワーク構造を進化させるための遺伝子型表現としては、以下の 2 通りが提案されています。

1. 直接コーディング法
   ネットワークの構造の結合状態を直接表現する。
2. 間接コーディング法
   ネットワークを生成する何らかの生成規則を遺伝子型としてコーディングする。このほうがより生物学的なモデルに近い。

　たとえば直接コーディングでは、N 個のノード（n_1、n_2、$\cdots n_N$）からなるネットワークの場合、$N \times N$ の隣接行列を用います。ただし各要素は 0 か 1 の値をとり、i 行 j 列が 0（1）であるなら n_i から n_j への結合がある（ない）とします。

　間接コーディング法として注目されているのは、発生（発達）系のエンコーディングです。これは発生生物学の知見を利用するもので、進化計算のアルゴリズムを動かすために自然な発生を抽象化したモデルとなっています。その範囲は、低レベルの細胞化学から高レベルの文法書き換えシステムにまで及びます。

114

5.3 レーシングカーとヘリコプタを動かそう

簡単な例題でニューロ進化を実験してみましょう。以下では、教育用の VR ソフト Mind Render を使います[*2]。Mind Render は、VR プログラムを作って遊べるプログラミング学習アプリです [9]。ドローン、レーシングカーなどのテーマ別の実験室（ラボ）が用意され、各ラボのミッションをクリアすることでプログラムを作成します。作成したプログラムは VR メガネで体験できます。

レーシングカーが走るサーキットの一例を図 5.3（a）に示しています。Mind Render では、Google の Blockly[*3]を作成してレーシングカーを動かすことができます。図 5.3（b）はドライバから見た VR 体験の画像です。実際に試してみるとわかりますが、壁に衝突せずに高速で 1 周するのは容易ではありません。

ニューロ進化では、センサ入力と動作出力を定義することで、適切な運転制御を学習します。ここでの入力は、7 個の距離センサ（車体の右側を 0° として 0°、45°、70°、90°、110°、135°、180° の 7 本。90° が正面、図 5.3（c）でレーシングカーの

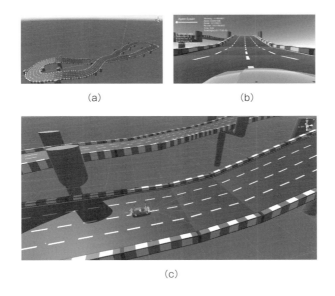

■ 図 5.3：レーシングカーの学習（口絵参照）

[*2]　Mind Render は筆者のホームページのリンクから入手可能である。
[*3]　https://developers.google.com/blockly/guides/configure/web/themes

第 5 章 ニューロ進化と遺伝子ネットワーク

前方に伸びている各線がセンサ方向を示す）およびジャイロセンサ（加速度センサ）と速度センサの合計 9 個のセンサです。また、出力は車のアクセル、ブレーキ、ステアリング[*4]の値です。ニューラルネットワークは、入力層（9 ノード）、中間層（12 ノード）、出力層（3 ノード）の 3 層の全結合の構造となっています（**図 5.4**）。これらの層間の重み（$9 \times 12 + 12 \times 3 = 144$ 個）が進化対象の遺伝子型となります。

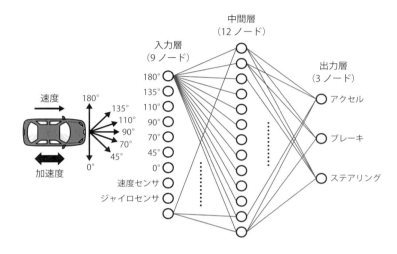

■ 図 5.4：レーシングカーのニューラルネット構造

適合度は、車が壁にぶつかるまでに走った距離とします。図 5.3 (a) のコース 1 周を走ると、適合度は約 700 です。ニューロ進化のパラメータとしては、集団数 100、突然変異率 5%、交叉率 100% としました。

ニューロ進化の様子が**図 5.5** (a) に示されています。図からわかるように、19 世代程度で 1 周が可能になっています。ここでは、適当にパラメータ値とセンサを選んでニューロ進化を実行しました。適切なセンサやパラメータ、ネットワーク構造を選択すれば、より探索性能が向上し、さらに複雑なコースでのレーシングも可能になるでしょう[*5]。

前節で述べたように、ニューロ進化は通常のニューラルネットの学習とは異な

[*4] 出力値は -1 から $+1$ の値をとり、左方向がマイナス、右方向がプラスである。値が大きいほど急ハンドルとなる。

[*5] Mind Render の AI 版もホームページで公開されている。そこではニューロ進化のほかに、進化計算、強化学習、ゲーム AI などの実験も可能である。読者はぜひ自分で試してほしい。

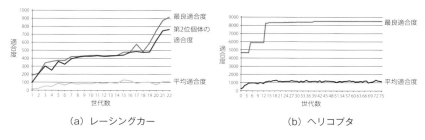

■ 図 5.5：ニューロ進化の様子

り、誤差伝搬を行っていないことに注意してください。そのため、適合度さえ定義すれば進化的探索を遂行できます。レーシングカーのような制御問題においては、各時点で伝搬されるべき誤差を定義することは容易ではありません。一方、ニューロ進化には達成度の指標（走れた距離など）から適合度を定義できるという利点があります。また、Q 学習は単純なコースでは成功しましたが、図 5.3（a）のような複雑なコースでコーナリングでの失敗が目立ちました。これは Q 学習における状態定義の難しさに起因するものです。

次に、ヘリコプタを目的地まで操縦してみましょう（**図 5.6**）。ヘリコプタの制御は初心者には簡単ではありません。以下の説明では、ヘリコプタの局所座標系の Y 軸（床からプロペラを貫く軸）と X 軸（ヘリコプタが原点で前方に向かう軸）を**図 5.7** のように設定します。

■ 図 5.6：ヘリコプタの操縦（口絵参照）

ニューロ進化の対象となるネットワーク入力は、

- 目標位置へのベクトル（3 次元）
- 速度ベクトル（3 次元）
- ヘリコプタの Y 軸回りの角速度（1 次元）

第 5 章 ニューロ進化と遺伝子ネットワーク

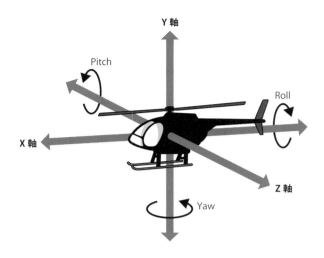

■図 5.7：ヘリコプタの動作座標

の合計 7 つです。

出力は、

- 横方向と前後方向の傾き
- Y 軸（ヘリコプタの床からプロペラを貫く軸）周りのトルク
- エンジンの出力

の 4 つとなっています[*6]。

適合度を次のように計算します。ランダムに目標点を与えて、ヘリコプタを限られた時間動かし続けます。目標点に達したら、時間が許す限り次の目標点をランダムに与えます。その動作中に、

- 自分の方向と目標まで方向の角度差（進行方向のずれ）
- 各時点での目標位置までの距離
- 目標点に達した回数

に基づいて適合度を求めます。ネットワーク構造は 2 層の隠れ層（ノード数 8）からなります。

[*6] ヘリコプタのしくみに関しては http://www.airbushelicopters.co.jp/helicopter/mechanism/ を参照されたい。

5.4 NEATとhyperNEAT

ニューロ進化の様子を図5.5（b）に示します。典型的な試行では、目的地に13回のうち8回たどり着くことができました。ただし、レーシングカーと異なり3次元空間での複雑な制御なので、性能は必ずしも安定していません。そのため、より実際的なデータを扱うためのさらなる改良が必要になると思われます。

5.4 NEATとhyperNEAT

ニューロ進化の代表例であるNEAT[98]は、ニューラルネットワークの構造とパラメータを効率的に最適化するための手法です。NEATは、多くの問題において従来方法よりも優れたパフォーマンスを見せています。この手法では少数の小さなネットワークを世代ごとに複雑化することによって、ネットワーク構造の進化を可能にしています。

NEATはさまざまな分野に応用され、その有効性が確認されています。たとえば、モジュール型のNEATはMs. Pac-Manというビデオゲームにおいて従来手法よりもよい成績を示しています[89]。このNEATでは、複数モジュールを同時に表現します。それぞれのモジュールは別の方針を学習し、どの方針をいつ使用するのかも進化的に獲得します。入力としては、幽霊や自分の位置などの特徴値を用いています。報酬や罰が遅れて得られるので、長期的な展望をもって条件判断をしなくてはならないPac-Manのようなゲームにおいては、DQNなどのディープラーニング手法は十分な能力が発揮されないという指摘もあります。モジュール型NEATは「おとりモジュール」を学習し、状況に応じて的確に使い分けて得点を稼ぐことに成功しています。NEATの詳細は文献[3]を参照してください。

近年、NEATはCPPNと呼ばれるコード化手法により拡張され、hyperNEATとして注目を集めています。以下では、CPPNとhyperNEATについて解説します。

CPPN（Compositional Pattern Producing Network：構成的パターン生成ネットワーク）は、デカルトの座標で複雑な反復パターンを表現できる発生系のモデルです。基本的には各座標値を入力として受け取り、その場所における表現型が出力として得られるネットワークになっています。**図5.8**には、2次元の場合の動作を模式的に示しました。図5.8（a）では、2次元の座標値x, yを入力として関数fが受け取ると、その出力値が座標(x, y)の値となり、遺伝子型fに対しての

第 5 章　ニューロ進化と遺伝子ネットワーク

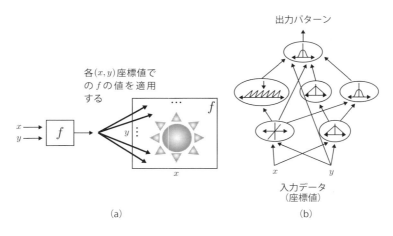

■図 5.8：CPNN のしくみ（1）

表現型と見なせる空間パターンを生成します。この f を実現するのに、CPPN はさまざまな関数をつないでできるネットワークによるコード化を用います。図 5.8 (b) は 2 次元の CPPN を示し、入力は (x, y) 座標、出力は座標でとる表現型の値です。ニューラルネットワークと同じように、各結合には重みが定義され、あるノードの出力は重みが乗じられて、次のノードへの入力値となります。CPPN では、基本関数（サイン関数やガウシアン）をノードに用いることで、**図 5.9** にあるような複雑な規則性や対称性を表すことができます。なお、この図は対話型進化計算により求めたものです **[99]**。ここで用いる基本関数は、発生系における特定の現象のモデル化となっています。たとえばガウシアンは左右対称性、サイン

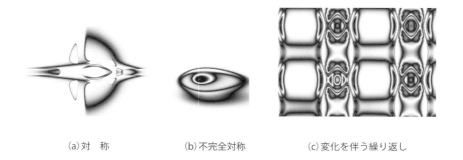

(a) 対　称　　　　(b) 不完全対称　　　　(c) 変化を伴う繰り返し

■図 5.9：CPNN のしくみ（2）**[99]**

などの周期関数は体節への分化のモデルです。その結果得られる表現型（図 5.9）は、自然界で見られる幾何学的に重要な特徴です。つまり、図 5.9（a）は脊椎動物の左右対称、図 5.9（b）の不完全な対称は右利き、繰り返しは皮質の受容野、そして図 5.9（c）の変形を伴う繰り返しは皮質柱やコラム構造のモデルと考えることができます（図 5.2 参照）。

CPPN とニューラルネットワークが構造的に類似していることに注意してください。そのため、NEAT は CPPN の構造とパラメータの最適化に応用可能です。それが hyperNEAT と呼ばれる手法となっています。

hyperNEAT [100] の基本となるアイディアは以下の 2 点に要約されます。

1. CPPN でニューラルネットワークの結合と重みを表現する。
2. NEAT で CPPN を最適化する。

CPPN の空間パターンは、ニューラルネットワークの結合パターンとして考えることができます。たとえば 4 次元の CPPN が入力 (x_1, y_1, x_2, y_2) に対して w を出力するとき、座標位置 (x_1, y_1) にあるノードから座標位置 (x_2, y_2) にあるノードへの結合荷重は w であると解釈します。w の絶対値がある値よりも小さいときには、その間に結合がない（重みが 0）とします。なお、CPPN の出力値は適当にスケーリングされます。たとえば 5×5 の格子状のノード配置を考えましょう。位置座標には中心を原点とした通常の 2 次元座標を考えます。これらのノードの位置があらかじめ与えられると、2 つの座標を CPPN に与えることでその間の結合荷重が求まります（**図 5.10**）。CPPN が表現する規則性や対称性のある空間パターンを思い出してください。このようなパターンがニューラルネットワークの規則的な結合パターンを生成します。実際、**図 5.11** にあるような対称性、不完全な対称性、繰り返し、変形を伴う繰り返しの結合関係を CPPN では簡潔に表すことができます。

また、ニューラルネットワークにおける出力層と入力層は任意の位置に設定できます。これにより、幾何学的な関係を利用することができます。たとえば、**図 5.12** には、ロボットの入力センサ（I）と出力モジュール（O）を円形や平行に配置するような入出力層を示しています。

このようにニューロンを的確に配置することで、幾何学的規則性を CPPN のコード化で実現できます。生物のニューラルネットワークにはそのような機能が多くあります。図 5.2 のげっ歯類の感覚野がその例です。また、視覚皮質のニュー

第 5 章　ニューロ進化と遺伝子ネットワーク

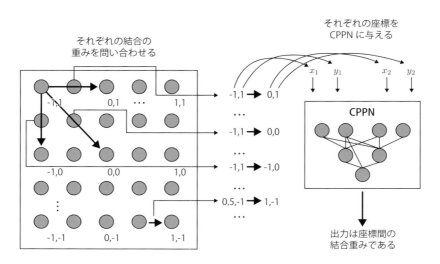

■ 図 5.10：空間パターンの結合性（1）

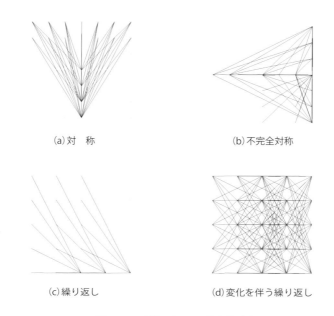

(a) 対　称　　　　　　　　(b) 不完全対称

(c) 繰り返し　　　　　　　(d) 変化を伴う繰り返し

■ 図 5.11：空間パターンの結合性（2）

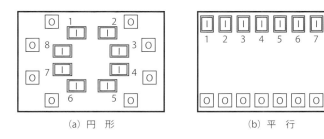

■ 図 5.12：入・出力層の配置

ロンは網膜の光受容器と同じ位相的な 2 次元パターンで配置され、隣接したニューロンと単純な繰り返しで規則的につながることによって、局所性を得るとされています。あるグループの魚類では、網膜の曲面上に各種の錐体細胞が美しく規則的に配列していることが知られています [19]。実際、ゼブラフィッシュの網膜には、青色、赤色、緑色、紫外線の各波長の光に感度のピークを持つ、4 種類の錯体細胞からなるパターンが見られます。

CPPN にも同じパターン構成の能力があります。実際、幾何学的に有効な情報は進化過程で領域特有の偏りを提供し、単なる最適化方法を凌駕することもあります。

hyperNEAT は Atari のゲームにも応用されています [45]。また、スーパーマリオなどのビデオゲームにも利用され、その有用性が注目されています。

さらに、DeepNEAT も提案されています。これは NEAT の標準技法を DNN に適用したものです [74]。

5.5 遺伝子ネットワークとは何か？

生物は、急激な変化、高度な不確実性、および限定された情報量に特徴付けられる世界で行動し、進化によって生き残ってきました。遺伝子（gene）とは、生物の遺伝的形質が発現する要因を表す概念です。これに対して、生物の持つすべての遺伝情報をゲノムと呼びます。DNA は遺伝情報の伝達物質であり、それをもとに生成されるタンパク質が遺伝的形質を形造ります（**図 5.13**）。1 つのタンパク質に対応する塩基配列が遺伝子です。DNA は塩基の配列として情報を保持して

第 5 章　ニューロ進化と遺伝子ネットワーク

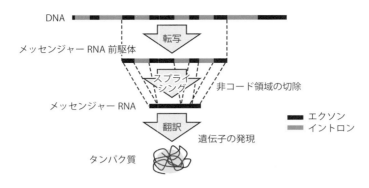

■ 図 5.13：遺伝子の発現

いますが、この情報が臓器や器官といった構造に変換されるには複雑な生成システムが必要です。そのしくみは、多数の遺伝子が複雑に制御しあう遺伝子ネットワークによって説明されます。

遺伝子制御ネットワーク（Gene Regulatory Network：GRN。遺伝子ネットワークとも呼ぶ）は、分子機械の機能を実現する中心プロセスと考えられています。GRN は遺伝子の相互関係について発現レベルでモデル化するものです。**図 5.14** に、遺伝子ネットワークの例（DNA〜RNA〜タンパク質〜代謝産物の流れ）を示します。物質は複数の反応に関係し、1 つの反応が系全体に連鎖的に影響を及ぼします。GRN は以下の要素の集まりです。

- RNA を通して間接的に相互作用する細胞内の DNA 断片
- タンパク質の生成物
- その他の化学物質

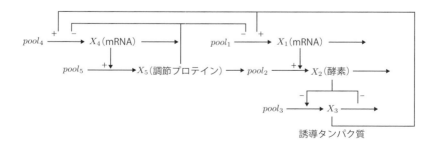

■ 図 5.14：DNA、RNA、酵素の生化学反応例

GRN はネットワーク内の遺伝子が mRNA に転写される速度を規定し、進化と発生過程を理解する中心的な役割を果たします。すなわち、GRN は多くの重要な細胞のプロセスを制御します。たとえば、環境への応答、細胞周期の制御、および生物の発達の誘導などです。

図 5.14 のネットワークの振る舞いを説明します。この 5 つの遺伝子からなるシステムは反応物質間の調節制御に関して異なる正負のモードを示し、2 つの遺伝子（1 と 4）を中心として遺伝子の相互作用が起こります。X_1 は遺伝子 1 から作り出される mRNA、X_2 は遺伝子 2 が生産する酵素タンパク質です。X_3 は X_2 によって触媒作用を及ぼされる誘導タンパク質です。X_4 は遺伝子 4 から作り出される mRNA、X_5 は遺伝子 5 によって生産される調節タンパク質です。誘導タンパク質 X_3 からの正のフィードバックと調節タンパク質 X_5 からの負のフィードバックが、遺伝子 1 と 4 の mRNA 生成過程で想定されています。

図 5.15 は実現された有益な遺伝子ネットワークの例を示します。これはガンに作用する AND ゲートです **[69]**。人工的に設計された遺伝子ネットワークは、ガン細胞の中でのみ働き、ガン細胞の増殖を抑制する機能を持ちます。複数の条件を正確に判断して、蛍光タンパク質を出力します。このような回路を用いることで、ガン細胞の成長を抑えたり、アポトーシス（細胞の自殺）を引き起こす遺伝子を発現させることができるのです。これは合成生物学と呼ばれる研究領域の一部となっています。合成生物学では、人工的な生体システムを作ることで生物を理解し、また人間に有益なシステムを作ることを目指します。図 5.15 のような人工的な遺伝子ネットワークを作ることは、生物学のみならず医学にも貢献しうる研究テーマです。

■ 図 5.15：ガン細胞内でのみ働く AND ゲート

遺伝子から作り出されるタンパク質は、別の遺伝子の活動に影響を与えます。遺伝子ネットワークにおけるノード（遺伝子）は、活動を与えるもの同士が結合します（アーク、エッジで結ばれる）。このため、遺伝子ネットワークでは遺伝子間の結合は間接的です。これはニューラルネットワークとの大きな違いです。ニュー

第 5 章　ニューロ進化と遺伝子ネットワーク

ラルネットワークではシナプスという直接的な結合を通して、ニューロン同士が互いに影響を及ぼしあっています。

遺伝子ネットワークは生体ネットワークのモデル化や合成生物学だけではなく、

● ロボットの行動制御
● 建築
● 画像圧縮

などの実際的な応用分野に適用されています（詳細は文献 [53] を参照）。そこでは、遺伝子の発現というメカニズムを構造物や機能の発達という形で利用します。これらの研究の目的は、自然の発生過程を厳密にモデル化することではなく、単純な理想化により生体の有利さを示すシステムを構築することです。長期的な目標としては、自己修復する人工物を構成する新しい方法を構築し、トップダウンの設計では達成できない複雑で知的な行動を実現します。

次の節では、GRN によるヒューマノイドロボットの動作生成について説明しましょう。

5.6 ヒューマノイドロボットを動かそう

近年、ヒューマノイドロボットに注目が集まっています。その人間のような形状から、さまざまな場所での応用が期待されているからです。しかしながら、ヒューマノイドロボットの高い自由度と不安定な構造を考えると、その動作生成は容易ではありません。これまでヒューマノイドロボットの動作を生成する手法としては、主に以下の 3 種類がありました。

1 つ目は逆動力学を用いた手法です [24]。この手法を用いた Boston Dynamics 社の Atlas というロボットは、不整地を安定して歩行したり、バク転をしたりすることで有名です [39, 113]。しかし力学的解析はかなり複雑で、計算のコストは莫大なものになります。

2 つ目は人の動きを転移させてロボットの動作を得る手法です [63, 119]。この手法では直感的な動作が生成できます。その一方で、人とロボットの物理的な特性の違いから、全身の動作をそのまま生成することはできません。また、人にできないような動作を得ることは難しくなります。

126

最後の手法は神経振動子を用いた動作生成です **[93]**。この手法は力学的な解析を必要としません。勾配法や進化計算を通して複数の神経振動子のパラメータを最適化していくことで、望ましい動作を生成します **[57, 77]**。最近では、非周期的な動作生成も生成できるようになりました **[56]**。しかしながら、多くの動作を獲得するには神経振動子からなる構造を複雑化していく必要があります。

筆者らは、GRN に基づいてヒューマノイドの動作獲得を実現する MONGERN（MotioN generation by GEne Regulatory Networks）というシステムを提案しています。この方法では複雑な力学的な計算を必要とせず、比較的単純なネットワーク構造でさまざまな動作生成が可能になっています。

5.6.1 MONGERN（MotioN generation by GEne Regulatory Networks）

本節では、ヒューマノイドロボットのモデルとして富士通オートメーションのHOAP-2 および近藤科学の KHR-3HV を使用しています。HOAP-2 は片足 6 自由度、片腕 5 自由度、全部で 22 自由度を持つヒューマノイドロボットです。KHR-3HV は、片足 6 自由度、片腕 4 自由度、腰 1 自由度、頭 1 自由度の全 22 自由度を持ちます。

ロボットの動作モデルの設計と動作の検証には、Cyberbotics 社による物理シミュレーションソフト Webots を利用しています。

遺伝子制御ネットワーク（GRN）の数式モデルとして AGN（Artificial Gene Network）**[71]** を利用しました。これは以下の形をした連立微分方程式で表現されます。

$$\frac{dG_i}{dt} = a_i \cdot \prod_j \left(\frac{(-K_{ij})^n}{I_j^n + (-K_{ij})^n} \right) \cdot \prod_k \left(\frac{A_k^n}{A_k^n + K_{ik}^n} \right) \cdot -b_i \cdot G_i \qquad (5.1)$$

ここで G_i は i 番目の遺伝子の発現量、a_i、b_i はそれぞれ i 番目の遺伝子の合成率、分解率を表します。他の遺伝子が i 番目の遺伝子の発現を抑制するか活性するかは K_{ij} の正負により決まります。負ならば抑制を意味し、I_j として左の総乗の項に入ります。正ならば活性を意味し、A_j として右の総乗の項に入ります。

この式の n、a_i、b_i、K_{ij} を与えて連立微分方程式を解くことで、時間変化する遺伝子の発現量を得ることができます。

一方、ロボットの動作は各時刻の目標関節角で表すことができます。GRN の遺

第 5 章　ニューロ進化と遺伝子ネットワーク

伝子の発現量を時系列データとして取り出し、これを関節角に用いることでロボットの動作を表現できるのです（**図 5.16**）。目的とする動作を生成する GRN を得るためには学習アルゴリズムを用います。MONGERN の全体概要は**図 5.17** のようになります。

　GRN のパラメータを効率的に学習するため、差分進化を用います。各パラメー

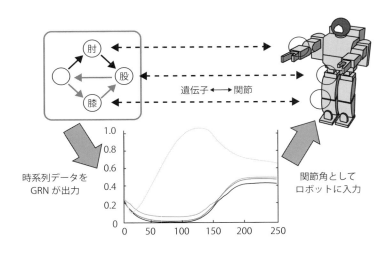

■ 図 5.16：遺伝子制御によるヒューマノイドロボットの動作生成

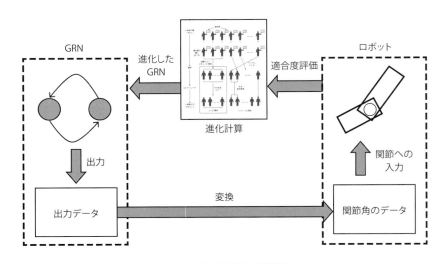

■ 図 5.17：MONGERN の概要図 **[54]**

128

タごとの探索範囲を**表 5.1** のように設定しました。進化の過程で探索範囲を超える値となるときには、適当に範囲内に置き換えて学習を続けました。交叉率は 0.9 としました。

■表 5.1：AGN のパラメータの探索範囲

パラメータ	最小値	最大値
a_i	0.0	2.0
b_i	0.02	0.15
n	1.0	6.0
K_{ij}	-1.0	1.0

この手法は GRN の進化ではあるものの、アイディアはニューロ進化に通じるものです。以下では、従来のニューラルネットワークの学習では扱いにくいロボット動作の進化を実験してみましょう。

5.6.2 トラップ動作

サッカーにおけるトラップを行う動作は撃力に対処する必要があり、通常の強化学習では必ずしも容易に設計できません。

以下の実験では、直径 6cm、質量 3.0kg のボールを用いて、**図 5.18** のような環境でトラップ動作を行います。倒れることなくボールを足元に止める動作の獲得を目標としています。動かす関節は両肩、両肘、腰、股関節、両膝、両足首の 11 個です。左右対称な動きをさせるので、用いる遺伝子は 6 つとなります。関節角を変更する制御周期は 20 ミリ秒です。何も動作をしない場合には、**図 5.19** のように倒れてしまいました[7]。したがって、はじめの 300 世代の適合度はロボット自体の安定性だけを考慮しています。具体的な適合度関数は以下のようになります。

$$\text{GRN の適合度} = \begin{cases} ST - PD & \text{（300 世代以前）} \\ ST - PD + BF & \text{（301 世代以後）} \end{cases} \quad (5.2)$$

ST は立っている時間の長さ、PD は初期位置とシミュレーション終了時の位置の差、BF は最終的なボールの位置とロボットの位置の距離の逆数を意味します。

---

[7]　以下の連続写真はすべて左上から右下へ時系列順になっている。

第 5 章 ニューロ進化と遺伝子ネットワーク

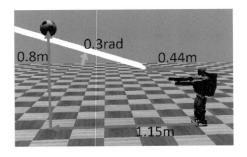

■ 図 5.18：トラップを行う環境

■ 図 5.19：何も動作をさせなかったときの様子

図 5.20 は 517 世代目までに得られた最良個体のトラップ動作の様子です。図 5.19 と比べて安定したトラップを行い、ボールも足元付近に止めることができています。**図 5.21** が最終的に得られたトラップ動作の関節角データです。遺伝子間の活性、抑制の相互関係を表したのが**図 5.22** です。図中の実線が活性化、点線が抑制化を意味します。適合度の遷移を観察すると、世代を経るごとに、ボールを足元にとどめる安定的動作が増え、学習に成功しました。例として、学習の結果得られた AGN の連立微分方程式を以下に示します。

$$\frac{dG_1}{dt} = 0.71 \cdot \left(\frac{0.82^{3.72}}{G_1^{3.72}+0.82^{3.72}}\right) \cdot \left(\frac{0.39^{3.72}}{G_4^{3.72}+0.39^{3.72}}\right) \cdot \left(\frac{0.47^{3.72}}{G_5^{3.72}+0.47^{3.72}}\right)$$
$$\cdot \left(\frac{G_2^{3.72}}{G_2^{3.72}+0.18^{3.72}}\right) \cdot \left(\frac{G_3^{3.72}}{G_3^{3.72}+0.15^{3.72}}\right) \cdot \left(\frac{G_6^{3.72}}{G_6^{3.72}+0.14^{3.72}}\right)$$

5.6 ヒューマノイドロボットを動かそう

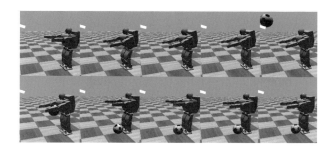

■ 図 5.20：最良トラップ動作の様子

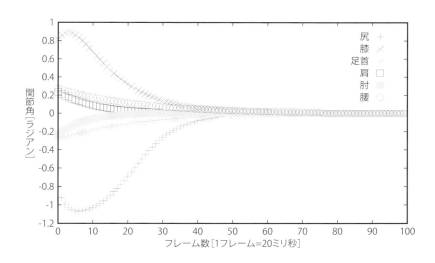

■ 図 5.21：最良トラップ動作の関節角データ

$$-0.12 \cdot G_1$$

$$\frac{dG_2}{dt} = 1.68 \cdot \left(\frac{0.46^{3.72}}{G_2^{3.72}+0.46^{3.72}}\right) \cdot \left(\frac{0.72^{3.72}}{G_3^{3.72}+0.72^{3.72}}\right) \cdot \left(\frac{0.48^{3.72}}{G_4^{3.72}+0.48^{3.72}}\right)$$

$$\cdot \left(\frac{0.64^{3.72}}{G_6^{3.72}+0.64^{3.72}}\right) \cdot \left(\frac{G_1^{3.72}}{G_1^{3.72}+0.09^{3.72}}\right) \cdot \left(\frac{G_5^{3.72}}{G_5^{3.72}+0.15^{3.72}}\right)$$

$$-0.08 \cdot G_2$$

$$\frac{dG_3}{dt} = 0.61 \cdot \left(\frac{0.92^{3.72}}{G_4^{3.72}+0.92^{3.72}}\right) \cdot \left(\frac{0.40^{3.72}}{G_5^{3.72}+0.40^{3.72}}\right) \cdot \left(\frac{0.95^{3.72}}{G_6^{3.72}+0.95^{3.72}}\right)$$

第 5 章 ニューロ進化と遺伝子ネットワーク

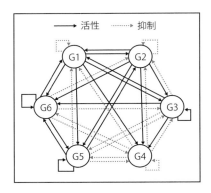

■ 図 5.22：最良トラップ動作の GRN の相互関係

$$\cdot \left(\frac{G_1^{3.72}}{G_1^{3.72}+0.61^{3.72}} \right) \cdot \left(\frac{G_2^{3.72}}{G_2^{3.72}+0.63^{3.72}} \right) \cdot \left(\frac{G_3^{3.72}}{G_3^{3.72}+0.92^{3.72}} \right)$$

$$- 0.05 \cdot G_3$$

$$\frac{dG_4}{dt} = 1.77 \cdot \left(\frac{0.28^{3.72}}{G_4^{3.72}+0.28^{3.72}} \right) \cdot \left(\frac{0.89^{3.72}}{G_5^{3.72}+0.89^{3.72}} \right) \cdot \left(\frac{0.98^{3.72}}{G_6^{3.72}+0.98^{3.72}} \right)$$

$$\cdot \left(\frac{G_1^{3.72}}{G_1^{3.72}+0.98^{3.72}} \right) \cdot \left(\frac{G_2^{3.72}}{G_2^{3.72}+0.20^{3.72}} \right) \cdot \left(\frac{G_3^{3.72}}{G_3^{3.72}+0.94^{3.72}} \right)$$

$$- 0.13 \cdot G_4$$

$$\frac{dG_5}{dt} = 0.83 \cdot \left(\frac{0.50^{3.72}}{G_3^{3.72}+0.50^{3.72}} \right) \cdot \left(\frac{0.17^{3.72}}{G_4^{3.72}+0.17^{3.72}} \right) \cdot \left(\frac{G_1^{3.72}}{G_1^{3.72}+0.35^{3.72}} \right)$$

$$\cdot \left(\frac{G_2^{3.72}}{G_2^{3.72}+0.31^{3.72}} \right) \cdot \left(\frac{G_5^{3.72}}{G_5^{3.72}+0.68^{3.72}} \right) \cdot \left(\frac{G_6^{3.72}}{G_6^{3.72}+0.65^{3.72}} \right)$$

$$- 0.13 \cdot G_5$$

$$\frac{dG_6}{dt} = 1.30 \cdot \left(\frac{0.30^{3.72}}{G_4^{3.72}+0.30^{3.72}} \right) \cdot \left(\frac{G_1^{3.72}}{G_1^{3.72}+0.39^{3.72}} \right) \cdot \left(\frac{G_2^{3.72}}{G_2^{3.72}+0.88^{3.72}} \right)$$

$$\cdot \left(\frac{G_3^{3.72}}{G_3^{3.72}+0.73^{3.72}} \right) \cdot \left(\frac{G_5^{3.72}}{G_5^{3.72}+0.62^{3.72}} \right) \cdot \left(\frac{G_6^{3.72}}{G_6^{3.72}+0.32^{3.72}} \right)$$

$$- 0.04 \cdot G_6$$

ヒューマノイドロボットの動作生成においては、安定性がしばしば問題になり

ます。段階的な学習によって、的確な動作が効率的に進化します。その一方で、学習過程ではユニークなトラップ動作を得ることができました。図 5.23 では、手をつきボールの落ちてくる位置に足を運び、挟むことでボールを止めています。図 5.24 では、背中でトラップを行いボールの落下の軌道を変え、かかとの後ろにボールを止めています。人間はこれらの動作を考えもしませんが、意図して生成することも難しいでしょう。逆に言えば、本手法により探索できる動作の多様性を示していると思われます。

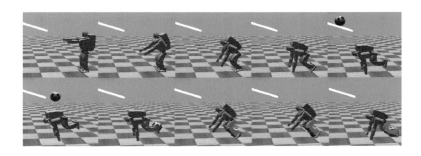

■ 図 5.23：ユニークなトラップ動作 その 1

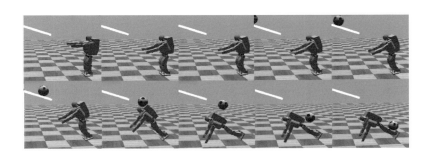

■ 図 5.24：ユニークなトラップ動作 その 2

5.6.3　スケート動作

　スケートは非常に繊細なバランスを考えて動作する必要があり、人手で適当な関節角を設定していくことは容易ではありません。ここでは、GRN で 1 歩目の動作をまず生成します。そのあと、それを左右反転させた動作を交互に合成し、全体の動作としました。スケートの際に動かす関節は、両肩（それぞれ 2 自由度）、

腰（ひねり方向）、股関節（6自由度）、両膝、両足首（それぞれ2自由度）の合計17自由度で、左右非対称な動作となります。足首と股関節を前後方向に動かすために、1つの関節には2つの遺伝子（GRNのノード）を割り当てました。その結果、遺伝子数（GRNのノード数）は21です。パラメータ探索空間を小さくするために、2つのGRNで全身の動作を合成します**[11]**。つまり、上半身と下半身で別々のGRNを進化させます。以下の実験では、学習の効率化のために100世代までは4歩まで、その後200世代までは6歩まで、それ以降は8歩までの動作で評価します。関節角度を更新する制御周期は30ミリ秒です。適合度は、倒れるまでの時間と前向きに進んだ距離の総和とします。

図5.25は250世代までに得られた最良個体のスケート動作の様子です。人間の自然なスケーティングのような、安定的な連続滑走動作を得ることができました。この動作時の関節角の動きを示した**図5.26**〜**図5.28**を見ればわかるように、きわめて複雑で非連続的な時系列となっています。世代ごとの適合度の遷移が**図5.29**です。進化した動作を人手による動作[*8]の適合度と比較しています。GRNによる動作が、人手による設計結果より優れていることがわかります。

図5.30は、250世代目までに得られた最良個体の後ろ向きスケート動作の様子です。後ろ向きのスケーティングに関しても、前向きと同様に安定的な動作を得ることができました。

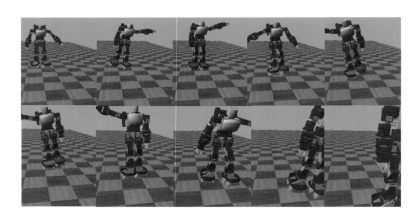

■ 図5.25：最良スケート動作の様子

[*8] キーフレームアニメーション技法で作られた動作。所要時間は数時間である。図5.29の「人手による動作の適合度」の線。

5.6 ヒューマノイドロボットを動かそう

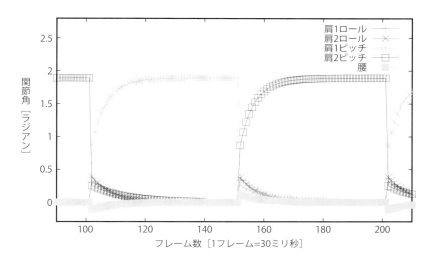

■ 図 5.26：最良スケート動作の上半身の関節角データ

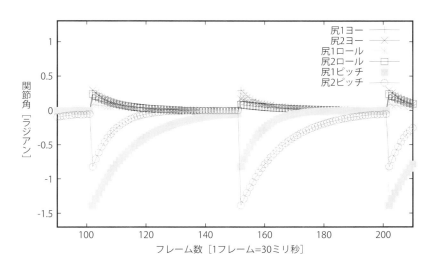

■ 図 5.27：最良スケート動作の股関節の関節角データ

進化した動作を実機ロボットで検証してみました。実機のロボットは、シミュレータでも用いた近藤科学の KHR-3HV（**図 5.31**）です。ローラースケート靴は 3D プリンタを用いて作成しました（**図 5.32**）。実機に合わせて修正したシミュレータ上でスケーティングを学習し、得られた動作を実機のロボットに用いるこ

第 5 章　ニューロ進化と遺伝子ネットワーク

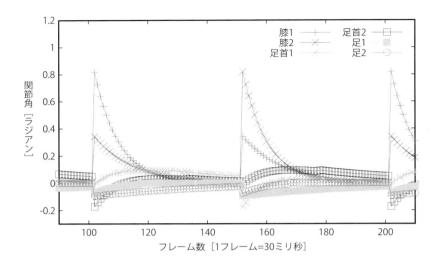

■ 図 5.28：最良スケート動作の足の関節角データ

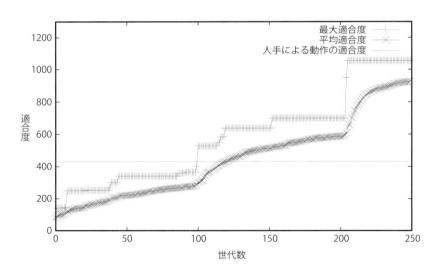

■ 図 5.29：スケート動作学習時の適合度の遷移

とで実機での再現可能性を確認しました。

図 5.33 と**図 5.34** が実機でのスケート動作の様子です。実機のロボットでも的確なスケート滑走を実現できています。

5.6 ヒューマノイドロボットを動かそう

■ 図 5.30：最良後ろ向きスケート動作の様子

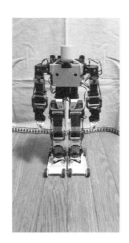

■ 図 5.31：KHR-3HV の実機

■ 図 5.32：実機のスケート動作に用いたスケート靴

第 5 章　ニューロ進化と遺伝子ネットワーク

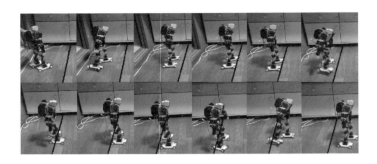

■図 5.33：実機のロボットによる前向きスケート動作の様子

■図 5.34：実機のロボットによる後ろ向きスケート動作の様子

　動かした関節は 22 個であり、その複雑さから人の手で設計することはきわめて難しいことがわかります。実際、人手により設計された動作の適合度を 100 世代程度で超えていました（図 5.29 参照）。以上からも MONGERN の有効性がわかります。進化した動作は腕をうまく使って交互に重心を左右へと移動させ、安定したスケーティングになっています。後ろ向きのスケーティングに関しては、腰のひねりで生み出した遠心力をうまく使い、効率よく後ろに滑るような動作となっています。これは、人の動きの模倣学習や人手による作りこみでは必ずしも容易ではありません。

5.6.4　バク宙動作

　詳細は省略しますが、バク宙についても GRN は的確な動作を生成しました。具

体的には 50cm の高さにある板の上からバク宙の動作をし、着地して立つことに成功しました。

図 **5.35** は進化で得られたバク宙動作の様子です。50cm の高さにある板の上から、後ろ向きに 1 回転したあとに足から着地し、立ったままの姿勢を保持することができています。動作開始 0 フレーム目からしゃがみ動作を開始し、20 フレーム目（0.6 秒後）から回転動作に切り替わり、75 フレーム目（2.25 秒後）から着地動作に移っています。これらの詳細は文献 **[60]** を参照してください。

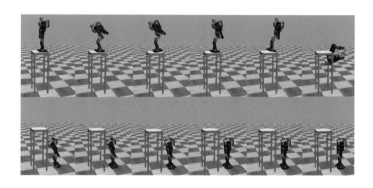

■図 5.35：最良バク宙動作の様子

第6章

ディープ・
ニューラルエボリューション

自然淘汰は欲深な経済学者で、
目に見えないところで金勘定をし、
観察している研究者が気づかないほどの
損得のニュアンスを計算しているのである。
（リチャード・ドーキンス、自伝 [13]）

第 6 章　ディープ・ニューラルエボリューション

6.1　ディープラーニングの難しさ

　畳み込みニューラルネットワーク（CNN）の特徴は、各種の機能を持つ層を組み合わせて、ブロックを積み重ねるようにネットワークを構築できることです。これまでの研究では、ネットワークの構造は人の手で経験的にデザインされてきました。その成功例としては GoogLeNet [104] の Inception Module [105]、ResNet [47] で導入された residual learning などがあります。しかしながら、どのようにネットワークを構成すれば学習能力の高いネットワークが得られるかという点に関してはよくわかっていません。実際に、高度な学習能力を持つネットワークは層が深く複雑で、膨大な数のパラメータを含んでいます。特定のデータセットに対して最適な学習能力を発揮させるためには、試行錯誤や専門家の知識による職人芸的な調整が必要となっています。

　そのため、メタヒューリスティクスや進化計算を用いて自動的にネットワークの構造をデザインする方法が盛んに研究されています。この方法の利点は、ネットワークの構造に関する事前情報がほとんどなくても、単純なネットワークから徐々に複雑なネットワークへと探索を進められることです。さまざまな要素技術の組み合わせの中から、特定の画像認識において学習能力の高いネットワークの構造を自動的に獲得します。たとえば、PSO を用いてニューロ進化を実現したり、LSTM を ACO で最適設計する手法が提案され、ゲーム AI や飛行機の振動予測などの問題で有効性が確かめられています [37, 44]。

　以下では進化計算を用いた深層学習を説明しましょう。これは、より深層レベルでニューロ進化を実現するという意味でディープ・ニューラルエボリューションと呼ばれています。

　なお、本章は専門的な内容を多く含んでいます。そのため、深層学習に詳しくない初読者はある程度読み飛ばし、6.6 節以降から読み進めることを推奨します。ディープラーニングの技術的詳細については参考文献を活用してください。

6.2　CNN の遺伝子たち：Genetic CNN

　Xie らは、GA を用いた DNN の探索について研究しました [114]。彼らは、各

ステージが畳み込み層とプーリング層からなる CNN を扱っています。ステージ数は限定ですが、このような限定があっても、可能なネットワークの数は層の数とともに指数的に増大し、すべてを数え上げて最適な構造を探すのは難しくなります。

ここで扱うネットワークは S 個のステージからなり、s 番目のステージは K_s 個のノードからなるとします。各ステージ内のノードは順序付けられ、番号の小さいノードから大きいノードにのみ結合します。各ノードは、畳み込み操作に相当します。これは、要素ごとにすべての入力ノード（自分よりも小さな番号のノード）の和をとったあとに行われます。畳み込みのあとではバッチ正規化[*1]や ReLU の活性化関数[*2]の適用がされます。ここで扱うネットワークは全結合ではないことに注意してください。**図 6.1** は、2 ステージのネットワーク ($S = 2, (K1, K2) = (4, 5)$) の例を表します。

進化計算の遺伝子型はバイナリ文字列です。たとえばステージ 1 は、

1-00-111

という遺伝子型です。A0 と A5 はそれぞれ入力ノード、出力ノードです。遺伝子

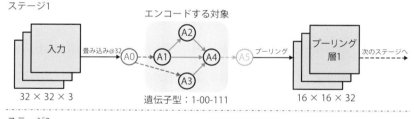

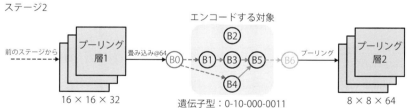

■ 図 6.1：2 ステージのネットワークの表現型と遺伝子型の例 [114]

[*1] ニューラルネットワークの各層への入力を正規化する方法。バッチ内の要素（畳み込み層のときはチャンネル、完全結合層のときはユニット）ごとに平均と標準偏差を求めて正規化する。これにより、勾配消失と爆発を避けて学習効率を向上させる効果がある。

[*2] Rectified linear unit：入力が 0 以下なら 0 を返し、1 より大きければその値を返す関数。

第 6 章　ディープ・ニューラルエボリューション

型では、これら以外の中間ノード間の結合をエンコードします。ステージ 1 での中間ノードが 4 個のため、遺伝子型長は $3 \times 2 = 6$ となり、それぞれ

$$A1 \to A2,\ A1 \to A3,\ A2 \to A3,\ A1 \to A4,\ A2 \to A4,\ A3 \to A4$$

の隣接関係（1 があり、0 がなし）を記述します。また、入力が 1 つもない中間ノードには入力ノードから入力があるようにつながります。さらに、出力が 1 つもない中間ノードは出力ノードにつながります。各ステージで、畳み込みフィルターの数は一定です。この例では、ステージ 1 で 32、ステージ 2 で 64 となっています。空間解像度は不変とします（ステージ 1 で 32×32、ステージ 2 で 16×16）。各プーリング層は半分にダウンサンプル[*3]します。

　一般には、s ステージの中間ノード数を K_s 個とするとき、遺伝子型長は $\frac{1}{2}K_s(K_s - 1)$ で、各要素は

$$A_1 \to A_2,\ A_1 \to A_3,\ ,A_2 \to A_3,\ \cdots,\ A_1 \to A_{K_s},$$

$$A_2 \to A_{K_s},\ A_3 \to A_{K_s},\ \cdots,\ A_{K_s-1} \to A_{K_s}$$

の隣接関係の有無を示します。

　この遺伝子型では、DNN でしばしば用いられる VGGNet [95]、ResNet [47]、DenseNet [51] なども表すことができます。図 6.2 にこれらの表現型とその遺伝子型を示します。ResNet は層間で残差（Residue）を足し合わせるという構造（Residual network）を持ちます。ある層で求める最適な出力を学習するのではなく、層の入力を参照した残差関数を学習することで最適化の向上が図られています。

　Genetic CNN のアルゴリズムを **Algorithm 6** に示しました。

[Algorithm 6]　Genetic CNN

Input: データセット $\mathcal{D}$、最終世代数 T、各世代内の個体数 N、交叉・突然変異の
　　　　発生確率 p_C, p_M、交叉・突然変異のパラメータ q_C, q_M
Initialization: 初期構造（遺伝子の数列の各ビットが独立して 0、1 の 2 値からラ
　　　　　　　ンダムに選ばれた構造）を持つ個体 N 体からなる第 0 世代を作成す
　　　　　　　る。各個体の適合度を評価する。

[*3]　情報を間引いて圧縮すること。

144

for $t = 1, 2, \cdots, T$ do

    Selection: 第 $t-1$ 世代の個体から、最も適合度が低い個体との適合度の差に比例した確率で選択されるルーレット選択により、重複を許して N 体選択する。

    Crossover: 選択された第 t 世代の隣り合う個体の各ペアに対して p_C の確率で交叉（各ビットを q_C の確率で交換する）を行う。

    Mutation: 上記で交叉しなかった各個体に対して p_M の確率で突然変異（各ビットを q_M の確率で反転させる）を行う。

    Evaluation: データセット $\mathcal{D}$ に対して個体のネットワークを学習させ、テスト用画像に対する認識精度を適合度の値として保存する。

end for

Output: 最終世代の個体とその個体の認識精度

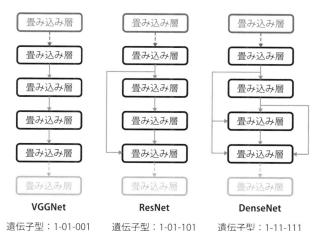

■ 図 6.2：代表的な DNN の遺伝子型 [114]

　CIFAR10 と CIFAR100 データセット[*4]を用いた学習の様子を見てみましょう。このデータは 32×32 RGB 画像であり、それぞれ 10 と 100 のカテゴリ（分類すべきクラス）からなります。訓練例として 50,000 画像を、テスト例として 10,000

[*4]　https://www.cs.toronto.edu/~kriz/cifar.html

第 6 章　ディープ・ニューラルエボリューション

画像を用います。GA のための集団数は 20、世代数は 50 としました。各個体の評価には平均 0.4 時間かかり、全体の実行時間は 17 GPU-days でした。実験には 10 個の GPU を用いています。

実験結果を**表 6.1** に示します。SVHN データセット **[78]** は数字認識の大規模なデータであり、73,257 個の訓練例、26,032 個のテスト例、および 531,131 個の余分な訓練例があります。各データは 32×32 の RGB 画像です。GeNet after G-??は、??世代での最良個体を示します。G-00 はランダムに生成した初期個体の中の最良個体です。また、GeNet#1 と GeNet#2 は進化計算で得られた最良個体です。この構造を**図 6.3** に示しています。比較のため、WRN は ResNet による成績です **[118]**。

■表 6.1：認識エラー率の比較（%）

	SVHN	CIFAR10	CIFAR100
GeNet after G-00	2.25	8.18	31.46
GeNet after G-05	2.15	7.67	30.17
GeNet after G-20	2.05	7.36	29.63
GeNet#1 (G-50)	1.99	7.19	29.03
GeNet#2 (G-50)	1.97	7.10	29.05
WRN[118]	1.71	5.39	25.12

得られたネットワークを評価するため、ILSVRC2012 の分類タスクを実行しました[*5]。ここではネットワーク構造を固定して、パラメータの学習のみを行いました。学習には約 20 GPU-days かかっています。最初の 2 つのステージでは、VGGNet（畳み込み 4 層とプーリング 2 層）を適用し、データの次元を $56 \times 56 \times 128$ に変えます。そのあとで、図 6.3 のネットワークを適用して分類を行いました。

実験結果を**表 6.2** に示します。Top-5 は上位 5 つの候補に正解が含まれていないエラー率、Top-1 は最上位が正解でないエラー率です。この結果から、小さなデータセット（CIFAR10）の学習から得られた構造が、大規模なデータセット（ILSVRC2012）においてもよい成績であることがわかります。進化で得られたネットワークは VGGNet-16 や VGGNet-19 よりもよい成績となっています。これは、もとの鎖型構造がより効果的な構造に進化したことによるものです。

---

*5　http://www.image-net.org/challenges/LSVRC/2012/

6.2 CNN の遺伝子たち：Genetic CNN

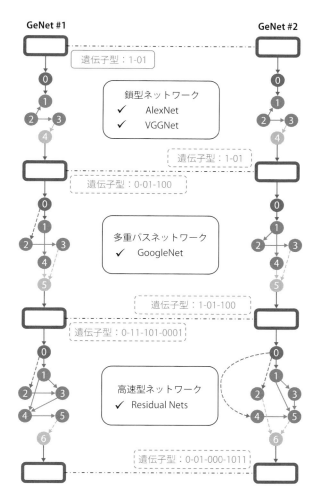

■ 図 6.3：進化で得られた遺伝子型と表現型の例 [114]

■ 表 6.2：認識誤差率の比較（%）

	Top-1	Top-5	# パラメータ数
AlexNet [64]	42.6	19.6	62M
GoogLeNet [104]	34.2	12.9	13M
VGGNet-16 [95]	28.5	9.9	138M
VGGNet-19 [95]	28.7	9.9	144M
GeNet#1	28.12	9.95	156M
GeNet#2	27.87	9.74	156M

第 6 章　ディープ・ニューラルエボリューション

6.3 ニューロ進化を攻撃的に促進しよう

　Genetic CNN では、各個体を評価するための学習を集団内の全個体に対して繰り返しながら世代交代を行います。つまり、最終世代数を T、各世代内の個体数を N とすると、世代交代の全過程を終えるまでには $T \times N$ 回の学習を繰り返します。一般に畳み込みニューラルネットワークの学習にはかなりの時間がかかるため、それを繰り返すことの時間的なコストは非常に大きなものになります。

　また、Genetic CNN では、ルーレット選択を採用しているため、精度が上がる見込みがないような個体も淘汰されずに残ってしまう問題もあります。さらに、畳み込み層の接続関係以外の要素（プーリング層の配置や各層のチャンネル数、フィルター・サイズ、ストライド[*6]などのハイパーパラメータ）をあらかじめ設定しなければならず、探索できるパラメータ空間が小さいという問題点も指摘されています。

　文献 [68] では、これらの問題を以下の方法によって回避することを試みています。

1. 少ないエポック数でネットワークを学習させて適合度を概算することで、個体の評価を高速化する。
2. Aggressive Selection & Mutation と呼ばれる選択・突然変異の手法を導入することで、弱い個体を早期に排除する。
3. 突然変異の対象となる要素を増やすことで、探索できるパラメータ空間を広げる。

　少ないエポック数で学習させると、そのネットワークが持つ認識精度を十分に高められなくなります。しかし、進化計算の適合度として用いる際にはある程度の概算でもよく、少ないエポック数で学習させても淘汰圧としては問題ありません[*7]。

　Aggressive Selection & Mutation は、親の世代から適合度の高い k 個の個体だけを選び（k は集団数 N より十分小さい値）、不足する分をそのクローンで埋め、それらのクローンに突然変異を適用するという手法です。突然変異だけで探索する

---

*6　フィルターをずらして適用するときの移動間隔。

*7　このため、一般にトーナメント選択がルーレット選択よりも推奨される。

6.3 ニューロ進化を攻撃的に促進しよう

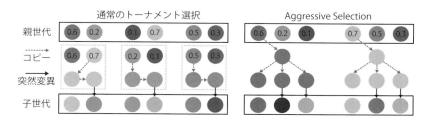

■図 6.4：$N = 6, k = 2$ における Aggressive Selection & Mutation（右）

ので、突然変異ありの山登り法に似ています。$N = 6, k = 2$ の場合の Aggressive Selection & Mutation の様子を**図 6.4** に示します。

Genetic CNN では、畳み込み層の接続関係のみを最適化の対象としていました。それに対して、Aggressive Selection & Mutation では、畳み込み層以外の種類の層を追加・削除する操作や、ハイパーパラメータと呼ばれる畳み込み層自体の設定値を変化させる操作など、さまざまな種類の突然変異が用意されています。そのため、探索できるパラメータ空間を大幅に広げています。この結果、最良個体を発見するまでにかかる時間を大幅に削減し、最良個体の認識精度も大幅に向上しました。

Aggressive Selection & Mutation のアルゴリズムを **Algorithm 7** に示します。

[Algorithm 7]　Aggressive Selection & Mutation

Input: データセット $\mathcal{D}$、最終世代数 T、各世代内の個体数 N、次世代に追加されるエリートの個体数 k、個体間の距離の閾値 d

Initialization: 固定の初期構造を持つ個体 N 個からなる第 0 世代を作成する。各個体の適合度を評価（式 (6.1) 参照）する。

for $t = 1, 2, \cdots, T$ do

　Selection: 第 $t - 1$ 世代の中から適合度が高い個体を順に k 個まで第 t 世代に追加していく。このとき、すでに第 t 世代に追加されている個体との距離が d 以下であれば、その個体は追加されずスキップされる。追加された k 個のクローンを合計 $N - k$ 個作成する。

　Mutation: 突然変異の操作を 1 つ選択し、クローンである $N - k$ 個に対して適用する。残りの k 個には何もしない。

第 6 章　ディープ・ニューラルエボリューション

> Evaluation: データセット $\mathcal{D}$ に対して個体のネットワークを学習させ、テスト
> 用画像に対する認識精度を適合度の値として保存する。
>
> end for
>
> Output: 最終世代の個体とその個体の認識精度

　突然変異の操作としては以下の 15 種類があります。ここで「ランダム」とは、
それぞれの候補を均等な確率で選ぶことを意味します。

- add_convolution：畳み込み層（チャンネル数 32、ストライド距離 1、フィ
  ルター・サイズ 3×3、パディング*8 1 画素）をランダムな位置に挿入する。
  この操作の前後で入出力の特徴マップの次元は変化しない。活性化関数には
  ReLU を用いる。
- remove_convolution：畳み込み層を 1 つランダムに選び、削除する。
- alter_channel_number: 畳み込み層を 1 つランダムに選び、チャンネル数
  を $\{8, 16, 32, 48, 64, 96, 128\}$ の中からランダムに選んで置き換える。
- alter_filter_size：畳み込み層を 1 つランダムに選び、フィルター・サイ
  ズを $\{1 \times 1, 3 \times 3, 5 \times 5\}$ の中からランダムに選んで置き換える。
- alter_stride：畳み込み層を 1 つランダムに選び、ストライド距離を $\{1, 2\}$
  の中から 1 つランダムに選んで置き換える。
- add_dropout：畳み込み層を 1 つランダムに選び、その直後にドロップアウ
  トを挿入する。ドロップアウトの比は 0.5 で固定する。
- remove_dropout：ドロップアウトを 1 つランダムに選び、削除する。
- add_pooling：畳み込み層を 1 つランダムに選び、その直後にプーリング層
  を挿入する。プーリングの種類は最大値プーリングとし、カーネルサイズは
  2×2 で固定とする。
- remove_pooling：プーリング層を 1 つランダムに選び、削除する。
- add_skip：ResNet[47] で導入された残差を足し合わせるという構造を挿入
  する。すなわち、出力の特徴マップの次元が同一である層のペアの中から 1
  組ランダムに選び、それらの出力を合算した出力を持つ層（スキップ層）を
  挿入する。

---

*8　入力画像の周りにピクセルを囲む方法。

- ●remove_skip：上記のスキップ層を 1 つランダムに選び、削除する。
- ●add_concatenate：add_skip と同様に、出力の特徴マップの次元が同一である（ただし、チャンネル数が一致する必要はない）層のペアの中から 1 組ランダムに選び、それらの出力を結合した出力を持つ層（結合層）を挿入する。
- ●remove_concatenate：上記の結合層を 1 つランダムに選び、削除する。
- ●add_fully_connected：他の完全結合層または最後の層の直後の位置の中から 1 カ所をランダムに選び、完全結合層を挿入する。出力の次元は $\{50, 100, 150, 200\}$ の中からランダムに選ぶ。
- ●remove_fully_connected：完全結合層を 1 つランダムに選び、削除する。

上記の 15 種類の操作の中からランダムに 1 つを選び、適用します。ただし、選択された操作が適用不可能な場合もあります。たとえば、畳み込み層を持たない個体に対して remove_convolution を適用することはできません。また、突然変異によって個体のネットワーク構造が無効になることがあります（次元の不一致などによる）。その場合には個体の適合度を 0 とします（致死遺伝子となる）。

筆者らは Aggressive Selection & Mutation を拡張して、より少ない計算量で同等の結果を得る手法 ASM+ を構築しました。この手法では、進化計算の世代数に応じて各個体を評価する際の学習のエポック数を増やします。すなわち、最小エポック数を $n_{\min}$、最大エポック数を $n_{\max}$、最終世代数を第 T 世代とすると、第 t 世代におけるエポック数 $n(t)$ は以下の式で定義されます。

$$n(t) = \frac{(T - t) \cdot n_{\min} + t \cdot n_{\max}}{T} \tag{6.1}$$

これは、$n(0) = n_{\min}$ と $n(T) = n_{\max}$ との間を最終世代数 T で均等に分割したものです。このようにエポック数を次第に増やすことによって、進化の序盤では世代交代が高速化され、さまざまな構造を持つ個体を大域的に評価できます。また、進化の終盤では、優れた構造を持つ個体を局所的により正確に評価することが可能になります。

ここでは MNIST [67] を用いた実験で具体的に説明しましょう。MNIST は手書き数字分類のためのデータセットとして一般に幅広く用いられています。MNIST のデータセットは 60,000 枚の訓練用画像と 10,000 枚のテスト用画像からなります。28×28 サイズのグレースケール画像で、0 から 9 までのアラビア数字に対応する画像が一様に分布しています。

第6章 ディープ・ニューラルエボリューション

物体検出のタスクにおいて優れた成績を出している畳み込みニューラルネットワークとしてYOLOv2を用います。物体検出とは、与えられた画像内に存在する物体のクラス（たとえば、人間、犬、自動車など）と、その物体の位置を特定する問題です。初代のYOLO[85]では、プーリング層によって特徴マップが段階的に小さくなることで、小さい物体が検出されにくくなるという欠点がありました。YOLOv2[86]では、大きい特徴マップを持つ入力側に近い層からの出力を、小さい特徴マップを持つ入力側から遠い層にバイパスすることで、この問題を解決しています。これは、ResNet[47]で導入された残差（Residue）を足し合わせるという構造と類似しています。

初期世代の個体は図6.5に示した入力層、大域的最大値プーリング層、完全結合層の3層からなるネットワークです。大域的最大値プーリング（global max pooling）は、入力特徴マップのすべてのチャンネルから、それぞれの最大値を選んで同じチャンネル数の1×1サイズの特徴マップにして出力します。この構造では、MNISTのデータセットに対する精度は11%程度です。これはランダムに結果を返すネットワークとほぼ同じ成績です。

■図6.5：初期世代の個体のネットワーク構造。図の表記法の詳細は図6.7を参照

実験はGoogle Colaboratory上のGPUを1台利用し、正規化処理であるバッチ正規化を畳み込み層の直後に挿入する/しないの2パターンで行いました。また、最終世代数 $T = 30$、各世代内の個体数 $N = 10$、次世代に追加されるエリートの個体数 $k = 1$、最小エポック数 $n_{\min} = 3$、最大エポック数 $n_{\max} = 12$ としました。

それぞれのパターンで世代が進むごとに最良個体の適合度（すなわち、画像の認識精度）がどのように推移したかを図6.6に示します。表6.3は、最終世代の最良個体を改めて最大エポック数 $n_{\max}$ で評価し直した際の認識精度、および進化の全過程に要した計算時間（GPUH = GPU × 時間）です。Genetic CNN[114]で得られた認識精度は0.9966であるのに対して、ASM+のそれは0.9913であり、

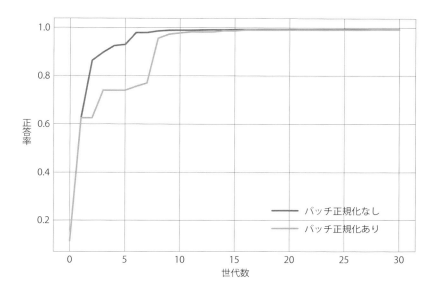

■ 図 6.6：世代ごとの最良個体の適合度の推移

■ 表 6.3：各手法による最終世代の最良個体の認識精度および計算時間の比較

手法	認識精度	計算時間
Genetic CNN [114]	0.9966	48 GPUH
Aggressive Selection & Mutation [68]	0.9969	35 GPUH
ASM+（バッチ正規化なし）	0.9932	-
ASM+（バッチ正規化あり）	0.9913	9 GPUH

かつ計算時間は 5 分の 1 程度となっています。これはオリジナルの Aggressive Selection & Mutation と比べても性能の改善となっています。

バッチ正規化を挿入して得られた最終世代の最良個体のネットワーク構造を **図 6.7** に示します。また、その個体が得られるまでに各世代で選択された突然変異操作を**表 6.4** に示しました。**図 6.8** の樹形図は各世代での最良個体の進化の様子です。この図を見ると、突然変異により適切な構造が進化する過程がわかると思います。

第 6 章 ディープ・ニューラルエボリューション

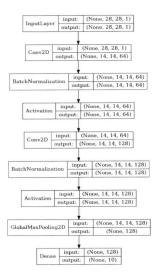

■ 図 6.7：最終世代の最良個体のネットワーク構造（バッチ正規化あり）。InputLayer は入力層、Conv2D は 2 次元の畳み込み層、BatchNormalization はバッチ正規化、Activation は活性化関数（ReLU）の適用を表す。また、GlobalMaxPooling2D は全チャンネルにわたる 2 次元の最大値プーリング演算、Dense は完全結合層を表す。input と output の欄の値はそれぞれ入力と出力の次元であり、順に（バッチサイズ、高さ、幅、チャンネル数）である。None はバッチサイズが任意という意味である。完全結合層は高さと幅を持たないため、Dense の前後では高さと幅は省略されている

■ 表 6.4：各世代で最良個体を更新した突然変異の操作（バッチ正規化あり）。空欄はその世代で最良個体の更新が行われなかったことを表す

世代	突然変異の操作	最大認識精度	世代	突然変異の操作	最大認識精度
0	initialize	0.1135	16	alter_stride	0.9911
1	add_convolution	0.6254	17	-	0.9911
2	-	0.6254	18	-	0.9911
3	alter_channel_number	0.7398	19	-	0.9911
4	-	0.7398	20	alter_stride	0.9916
5	-	0.7398	21	-	0.9916
6	alter_filter_size	0.7558	22	-	0.9916
7	add_convolution	0.7695	23	-	0.9916
8	add_convolution	0.9559	24	alter_channel_number	0.9922
9	alter_filter_size	0.9728	25	-	0.9922
10	alter_filter_size	0.9783	26	-	0.9922
11	alter_channel_number	0.9825	27	-	0.9922
12	-	0.9825	28	alter_channel_number	0.9933
13	-	0.9825	29	-	0.9933
14	alter_filter_size	0.9873	30	-	0.9933
15	-	0.9873			

6.3 ニューロ進化を攻撃的に促進しよう

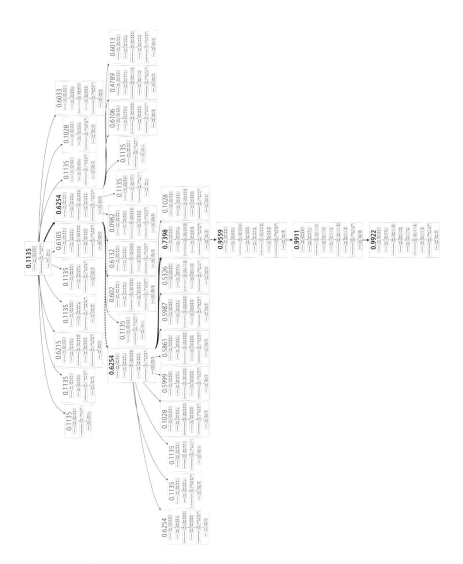

■ 図 6.8：各世代での最良個体の進化の様子の樹形図（一部省略）。各個体のネットワーク構造の画像に併記された数値はその個体の適合度である。数値を太字で示した個体は次世代に選択された個体である。太い矢印（黒）と点線の矢印（グレー）は選択の流れを表しており、太い矢印は突然変異が起きたこと、点線の矢印はクローンされたことを示す

第 6 章　ディープ・ニューラルエボリューション

6.4 進化的な特徴階層の構築

長尾ら **[103]** は、

- 既存の画像処理フィルターの組み合わせによる画像変換
- GP で構築したフィルター処理による画像変換

の 2 種類の処理をもとにして、進化計算によって特徴構築を実現しました。この方法では、CNN のように多層構造全体のパラメータを同時に最適化するのではなく、最適化を 2 段階に分割することで解空間を小さくできます。

特徴構築の第 1 段階は次に示す通りです。

- 入力画像に対して既存の画像処理フィルターを用いた画像変換（フィルタリング層）
- プーリング処理（プーリング層）
- 分類（分類層）

第 2 段階では、CGP（17 ページ参照）で構築したフィルター処理により、第 1 段階で得られた変換画像を変換します。そして第 1 段階と同様に、変換後の画像に対してプーリング処理を行い、処理後の各画素値を特徴量として分類器に入力します。このときの検証画像セットに対する分類精度が高くなるように、フィルターを GP によって構築します。

遺伝子型（CGP）で定義された表現型の CNN を訓練データで訓練し、そのテストデータでの成績を適合度とします。次に、通常の進化計算を用いてより適した CNN の構造を求めます。

図 6.9 は遺伝子型と表現型の例です。左の遺伝子型が右の CNN の構造を定義します。この場合、左図の No.5 のノードは不活性となっています[*9]。ここで使われる CGP における関数ノードを **表 6.5** に示します。なお、タスクはクラス分類のため、最後の出力ノードはクラスの数を持つソフトマックス活性化関数（31 ページ参照）となり、入力の全要素と完全結合しています。

ResBlock については、図 6.2 とその説明を参照してください。ConvBlock は通常の畳み込み操作のあと、バッチ正規化と ReLU 関数が続きます。この操作の

[*9]　表現型に現れず、出力が使用されていない。

156

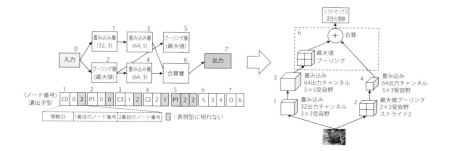

■ 図 6.9：遺伝子型と表現型の例 [103]

■ 表 6.5：CGP におけるノード関数（C'：出力チャンネルの数、k：受容野のサイズまたはカーネルサイズ）

ノードのタイプ	記号	範囲
ConvBlock	CB(C', k)	$C' \in \{32, 64, 128\}$ $k \in \{3 \times 3, 5 \times 5\}$
ResBlock	RB(C', k)	$C' \in \{32, 64, 128\}$ $k \in \{3 \times 3, 5 \times 5\}$
最大値プーリング	MP	–
平均値プーリング	AP	–
合算	Sum	–
結合	Concat	–

結果、入力が $M \times N \times C$ の特徴写像が、出力が $M \times N \times C'$ の特徴写像に変換されます。ただし、M, N, C, C' はそれぞれ行、列、入力チャンネルの数です。

結合関数は、異なる次元数を有する2つの特徴写像を結合します。つまり、2つの特徴写像が異なる列数か行数を持つなら、大きいサイズのほうを最大値プーリングにより縮小して同じサイズを持つようにしてから結合します。2つの入力サイズが $M_1 \times N_1 \times C_1$ と $M_2 \times N_2 \times C_2$ であったときには、結合操作の出力の特徴写像のサイズは $\min(M_1, M_2) \times \min(N_1, N_2) \times (C_1 + C_2)$ となります。

合算関数は2つの特徴写像の要素ごと、チャンネルごとの加算を行います。結合関数と同じように、2つの写像のサイズが異なる場合は最大値プーリングによるダウンサンプルをします。チャンネル数が異なるときには、小さいほうはすべてゼロ値の画像として加算します。つまり、出力の特徴写像は $\min(M_1, M_2) \times \min(N_1, N_2) \times \max(C_1, C_2)$ となります。

長尾らは、CIFAR10 データセット（145 ページ参照）を用いてこの手法の有

第 6 章　ディープ・ニューラルエボリューション

効性をテストしています。CGP のパラメータとしては、突然変異率 0.05、列数
（Nr）5、行数（Nc）30、Levels-back（l）10 を採用します。

　CCP の関数ノードとして、以下の 2 種類について実験しました。

- ConvSet：ConvBlock、最大値プーリング、平均値プーリング、合算関数、結
  合関数
- ResSet：ResBlock、最大値プーリング、平均値プーリング、合算関数、結合
  関数

CCP の最大世代数は、ConvSet に対して 500、ResSet に対して 300 としています。

　最初の実験では、全画像 50,000 のうちランダムに選んだ 45,000 画像を学習例
として利用し、残りの 5,000 画像のテスト例の成績を CGP の適合度として用い
ました。表 6.6 のフル・データ欄に結果を示します。CGP によるニューロ進化
手法が下の 2 行です。比較のため、VGG [95] と ResNet [118] も示しています。
図 6.10 は進化の結果得られたネットワークの構造を示します。

■表 6.6：CIFAR10 データセットに対する誤差率の比較

モデル	フル・データ		スモール・データ	
	誤差率	パラメータ数（$\times 10^6$）	誤差率	パラメータ数（$\times 10^6$）
VGG [95]	7.94	15.2	24.11	15.2
ResNet [118]	6.61	1.7	24.10	1.7
CGP-CNN（ConvSet）	6.75	1.52	23.48	3.9
CGP-CNN（ResSet）	5.98	1.68	23.47	0.83

　第 2 の実験では、全画像 5,000 のうちランダムに選んだ 4,500 画像を学習例と
して利用し、残りの 500 画像のテスト例の成績を CGP の適合度として用いまし
た。表 6.6 のスモール・データ欄に結果を示します。

　実験の結果から、CGP を用いた手法は分類精度において従来法と同等である
ことがわかります。重要なのはパラメータ数の少なさです。より小規模なネット
ワーク構造で同じ成績を与えています。つまり、従来のディープラーニングの手
法の問題点、

1. パラメータの多さに起因して膨大な学習時間がかかること
2. ネットワーク構造の設計が職人芸的でアドホックであること

を改善する意義があると思われます。

158

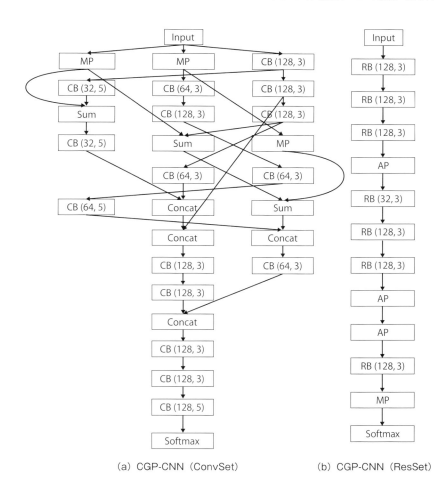

(a) CGP-CNN (ConvSet)　　　　(b) CGP-CNN (ResSet)

■ 図 6.10：進化した CNN の構造（フル・データ）[103]

6.5　ノイズ除去のニューロ進化：DPPN

　Fernando らは、CPPN を拡張した Differentiable Pattern Producing Network（DPPN）というフレームワークを提案しました [38]。DPPN では CPPN と同じノードタイプを用います。入力ノードとしては、

- CPPN と同じ identity ノード
- 同じ次元数のベクトルに写像する完全結合の線形ノード

の 2 通りがあります。進化計算の初期世代において、DPPN は**図 6.11** に示す構造として初期化されます[*10]。これは 2 つのランダムな隠れユニットを有する構造です。

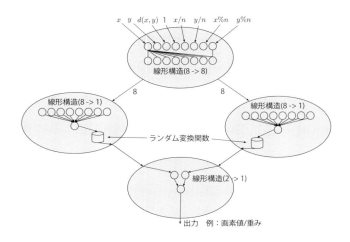

■ 図 6.11：DPPN の初期構造 [38]

DPPN の目的タスクはノイズ除去です。そのため、雑音除去オートエンコーダ (denoising autoencoder[*11]) を利用します。これは教師なし学習のフレームワークです。このネットワークは教師データ x に対してノイズのあるデータ $\tilde{x}$ を受け取り、データを以下のネットワーク層に通します。

$$f_\theta(\tilde{x}) = f^n_{\theta_n}(f^{n-1}_{\theta_{n-1}}(\cdots f^1_{\theta_1}(\tilde{x})\cdots)) \quad (6.2)$$

ただし、$\theta = \{\theta_1, \cdots, \theta_n\}$ は学習すべきパラメータです。このとき、x と $f_\theta(\tilde{x})$ の MSE（平均 2 乗誤差）と BCE（バイナリ交差エントロピー[*12]）を計算します。

[*10] 図において、x, y は入力画像内の位置座標、n は DPPN の遺伝子型の長さである。また $d(x,y) = \sqrt{x^2 + y^2}$ である。$x/n, y/n, x\%n, y\%n$ はそれぞれ x, y を n で割った商と剰余を表す。

[*11] 自己符号化器（オートエンコーダ、autoencoder）：ニューラルネットワークを使用した次元圧縮法。詳細は文献 [3] を参照。

[*12] 2 つの確率分布 $P(x), Q(x)$ に対して、$-\sum_x P(x) \log Q(x)$ を交差エントロピーと呼ぶ。シグモイド関数との相性がよいので、ニューラルネットワークの誤差関数（損失関数）として使われる。

DPPNでは、出力パラメータ p は雑音除去オートエンコーダのパラメータ θ に直接写像されます。

通常のディープラーニングでは、誤差を勾配法などで最小化します。一方、DPPNでは、進化と学習のアルゴリズムは基本的にCPPNに基づいています。さらにラマルク進化も採用し、学習（獲得）した特性を継承します。32サイズのミニバッチを用いた1000ステップのDPPNによる学習の成績を適合度として用います。CPPNの重み変更は、損失関数の勾配に基づくバックプロパゲーションでした。それに対して、DPPNではAdam (adaptive moment estimation [62]) を用いています。これは、勾配のモーメントを利用して適応的に学習率を変更する手法です。

目標タスクは10%部分を0にしたMNISTデータの再構成です。DPPNのアルゴリズムについては **Algorithm 8** と **図6.12** を参照してください。

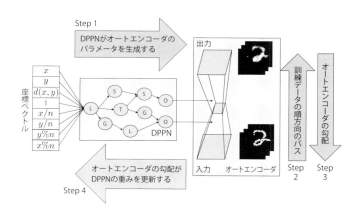

■ 図6.12：DPPN のアルゴリズム [38]

DPPNは、間接的に完全結合の順伝搬（feedforward）雑音除去オートエンコーダにおけるパラメータを学習します。このネットワークは

- 1層のエンコーディング層（隠れ層は $10 \times 10 = 100$ ユニット）
- シグモイド活性化関数
- 1層のデコーディング層（隠れ層は $10 \times 10 = 100$ ユニット）
- シグモイド活性化関数

を有します。つまり、パラメータ（重みとバイアス）数は $28 \times 28 \times 10 \times 10 \times 2 + 28 \times 28 + 10 \times 10 = 157{,}684$ です。同様の問題に対するconvNetに比べて、

第 6 章　ディープ・ニューラルエボリューション

[Algorithm 8]　DPPN training algorithm

for $j = 1$ to 1000 do

　　2 つの DPPN d_1, d_2 を P から選ぶ。　　　　　　　　▷ P：DPPN の集団

　　$f_1 \leftarrow$ GetFitness(d_1)

　　$f_2 \leftarrow$ GetFitness(d_2)

　　適合度の優れたほうを A、劣っているほうを B とする。

　　$B \leftarrow$ Mutate(Crossover(A, B))

end for

function GetFitness(DPPN d)

　　for 1000 steps do

　　　　$\vec{p} \leftarrow d(\vec{c})$　　　　　　　　　　▷ $\vec{c}$：DPPN への入力。座標ベクトル。

　　　　$\vec{p}$ を雑音除去オートエンコーダのパラメータ θ に設定する。

　　　　MNIST 画像のミニバッチ x を選ぶ。

　　　　ノイズのあるミニバッチ $\tilde{x}$ を生成する。

　　　　$g_i \leftarrow \frac{\delta l(x, f_\theta(\tilde{x}))}{\delta w_i}$　　　　　　▷ DPPN の重みに関する勾配を生成。

　　　　DPPN の $\{w_i\}$ を $\{g_i\}$ を用いて変更する。　　▷ Adam の更新に従う。

　　end for

　　1000 枚の MNIST 訓練画像に対する平均 2 乗誤差 MSE を求める。

　　return $-MSE$

end function

パラメータ数は 1,000 倍となっています。DPPN は、これらのパラメータをコード化とデコード化する 2 つの層の出力を与えます。そのパラメータを得るため、157,684 の入力を DPPN に与えました。DPPN の入力はオートエンコーダの以下の入力値です。

$$(x_{in}, y_{in}, x_{out}, y_{out}, D_{in}, D_{out}, \text{layer}, 1) \tag{6.3}$$

ここで、x_{in} と y_{in} は入力ニューロンの座標、x_{out} と y_{out} は出力ニューロンの座標です。D_{in} と D_{out} は入出力ニューロンの中心からの距離です。この DPPN が 157,684 × 2 のパラメータを生成します。

162

学習後、ランダムな1000個のMNIST画像についてテストして、BCE値または MSE値を計算します。その値のマイナス値をDPPNの進化計算に用いる適合度とします。

図 6.13 は、手書き数字2に対してのDPPNによる進化過程です。パラメータは、集団数50、交叉率0.2とし、初期個体のDPPNのノード数は4としました。図の右はラマルク型進化であり、学習した重みを子孫が受け継ぎます。真ん中はボールドウィン進化であり、学習で獲得した特徴は受け継ぎません。さらに、左はダーウィン進化であり、学習は行いません。重みに0.001の突然変異率での変異が加わります。ダーウィン進化がCPPNのものに最も近くなります。この例では、MSE値が、それぞれ0.0036（ラマルク進化）、0.02（ボールドウィン進化）、0.12（ダーウィン進化）となりました。ラマルク進化が最もよくなっているのがわかります。右図に挿入されているのが復元すべき数字（ターゲット）です。各図では、1000世代の進化過程において復元された数字を示します。これは、10世代ごとにサンプルされ、左上から右下に時間が進むようになっています。

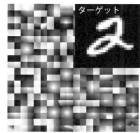
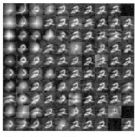
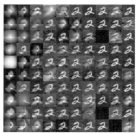

ダーウィン進化MSE = 0.07、パラメータ数 = 130

ボールドウィン進化MSE = 0.018、パラメータ数 = 657

ラマルク進化MSE = 0.0037、パラメータ数 = 525

■ 図 6.13：手書きの数字 '2' からの画像の再構成 [38]

実験結果から、DPPNはCPPNより効率的であることが示されています。それに加えて、大規模ネットワークの重みを直接最適化する従来方法に比べて、より単純な解（ネットワーク構造）の進化が可能でした。たとえば完全結合の雑音除去オートエンコーダ（157,684パラメータ）の生成にDPPNを用いたところ、完全結合の順伝搬ネットワークが埋め込まれたCNNの構造が得られ、各隠れユニットは小さな塊（28×28の重み行列）を含んでいました。これは隠れノードの受容野に滑らかに作用します。さらに、進化の結果、画像の切り取りや拡大にも

第 6 章　ディープ・ニューラルエボリューション

適応しました。たとえば、DPPN はわずか 187 パラメータだけで MNIST のテストデータで 0.09 の BCE 値を達成しました。他のデータセット（Omniglot 文字セット）などでも同じように、直接エンコードしたネットワークよりもよい成績でした。

6.6　転移学習

　転移学習（Transfer Learning）は、機械学習の枠組みの 1 つです。複数の関連した問題のデータやそこから得られた知識を利用して、対象となる問題を効率的に解くものです。転移する知識の送り手側をソース・ドメイン（元ドメイン）、受け手側をターゲット・ドメイン（目標ドメイン）と呼びます。

　人間も転移学習によってさまざまなことを学習しています。たとえば、ピアノを弾ける人と弾けない人が、同時に電子オルガンの練習を始めたとしましょう。すると、ピアノを弾ける人のほうが、より早くより上手に電子オルガンを弾けるようになるでしょう。転移学習の枠組みでは、ピアノがソース・ドメイン、電子オルガンがターゲット・ドメインとなります。ピアノの習熟が電子オルガンの上達を助けているのです。転移学習は、自然言語処理、音声認識、画像処理などのさまざまな分野で活用されています。

　図 6.14 に転移学習の大まかな流れを示します。この例では、ソースタスクは女性の音声の学習であり、ターゲットタスクは男性からの音声の認識です。学習の対象となる問題のデータに加えて、転移元となる問題からのデータや知識を用いて学習を行い、最終的に転移先の問題を高い精度で効率的に解くことを目指しています。通常は、ソースとターゲットのドメインでは構造的な関係があることを仮定します。そもそも似たようなドメインでなければ転移は難しいでしょう。

　転移学習では、ターゲット・ドメインでの訓練データが少なく、ソース・ドメインでのデータが十分ある場合に大きな効果を発揮します。また、ターゲット・ドメインと類似度の高いドメインの知識を転移すれば、より効率のよい学習が可能になります。逆に、類似度の低いものから知識を転移すると学習の性能が落ちてしまうこともあり、これを負の転移と呼んでいます。

　通常、転移学習では、ソース・ドメインでの学習の性能によって、ターゲット・ドメインでの性能が決まります。つまり、ソース・ドメインでの学習の精度が高

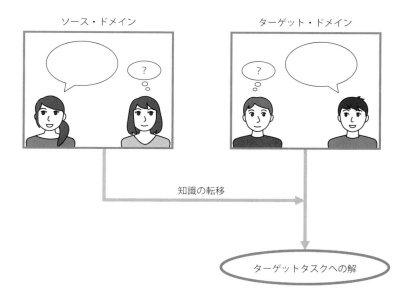

■ 図 6.14：転移学習のイメージ

いほど、ターゲット・ドメインでの学習効率が向上しやすくなるのです。

また、転移学習における重要な問題は何を転移するかということです。ソース・ドメインのデータそのものを適切に写像して、ターゲット・ドメインの学習に用いるのが最もわかりやすいでしょう。一方で、データそのものでなく、ソース・ドメインとターゲット・ドメインに共通する特徴量やパラメータを転移させることも考えられます。どのような知識を転移するか、どのような知識が効果的に働くかは、各ドメインに依存する問題であり、容易に判断できるとは限りません。

次節では、ニューロ進化と転移学習に基づいて、危険物探知に応用する研究について説明しましょう。

6.7 危険物を探知する AI

日本という比較的安全な国で生活していると、テロについて意識することはあまりないかもしれません。しかしながら、世界各地ではテロ等の事件が頻繁に起きており、テロに対する緊張は高まるばかりです。

イベント入場時のセキュリティチェックは手荷物検査や金属探知機によるものが主流です。セキュリティチェックの代表としては、空港のX線による手荷物検査が挙げられます。しかし、現在のX線手荷物検査システムは大規模できわめて高価であり、可搬性がないという欠点があります。

また、空港のX線を用いた手荷物検査では、撮影された画像を検査官が目視で確認することで危険物を探します。そのため、ヒューマンエラーが起こりやすいとされています。したがって、この作業を補助するようなシステムが必要となります。

そこで本節では、小型で持ち運びが可能なX線撮影機器（**図 6.15**）を想定します。この装置によって撮影された画像から危険物を検出するための精度のよいシステムを、ディープ・ニューラルエボリューション（6.3節で説明したASM+）によって構築します。その目的は、オリンピックゲームやコンサートなどの会場でのセキュリティチェックを素早くかつ正確に行い、スムーズな運営の中で危険物所持者をあぶり出すことです。

■図 6.15：小型の X 線検査機器（NS-100-L）

X線画像を用いて危険物の学習を行う場合の問題点は、そのデータの少なさにあります。通常の画像処理とは異なり、セキュリティ上の問題からWWW上に存在するX線危険物の画像は多くありません[*13]。また、X線装置の違いによって、同じ物体の画像でもかなりのばらつきがあります。

このような事情から、以下では前節で説明した転移学習を用います。ここではソース・ドメインは数多くのデータがある自然画像、ターゲットがX線画像の危険物検出です。ソース・ドメインで学習したニューラルネット構造をもとにして、

---

*13 さまざまな事情から、通常の自然画像のように何百万枚程度の訓練データを得るのは困難である。以下の実験のために、筆者らは危険物の X 線画像を数千枚程度撮影した **[121]**。

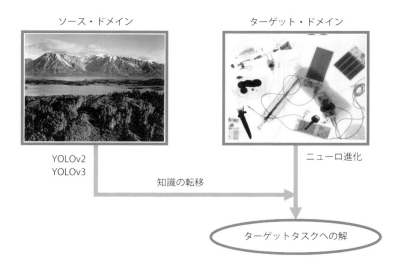

■ 図 6.16：X 線画像のための転移学習

ターゲット・ドメインでニューロ進化によりさらなる学習を行います（**図 6.16**）。これにより、ソースでのデータ不足に対応して効果的な学習を目指します。

Zou[121] により作成された X 線撮影画像のデータセットを用いて実験を行ってみました。このデータセットは、3 種類の危険物（はさみ、ナイフ、ペットボトル）が写る 6,121 枚の X 線撮影画像と、それぞれの画像へのアノテーションからなります。各画像のアノテーションデータには次の 5 つの情報が含まれています。

- 危険物の種類を識別するクラス番号
- 危険物が存在する矩形領域の中心点の x 座標
- 危険物が存在する矩形領域の中心点の y 座標
- 危険物が存在する矩形領域の幅
- 危険物が存在する矩形領域の高さ

6,121 枚のうち、1,104 枚は実際に医療用の X 線撮影機材を用いて撮影した生画像です。**図 6.17** に生画像の例を示しました。はさみ、ナイフ、ペットボトルをそれぞれ単独で撮影した画像と、それらの危険物を身の回り品とともにリュックサックやカバンに詰め込んだ画像からなります。

残りの 5,017 枚は合成画像です。**図 6.18** に合成画像の例を示しました。撮影画像のうち、危険物が単独で写っているものから画像処理によって危険物だけを

第 6 章　ディープ・ニューラルエボリューション

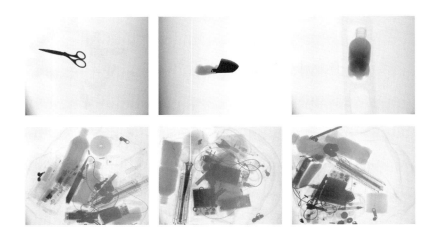

■ 図 6.17：X 線画像の例。上段の左から順に、はさみ、ナイフ、ペットボトル。下段はこれらの危険物をさまざまな身の回り品とともにリュックサックやカバンに詰め込んだ状態

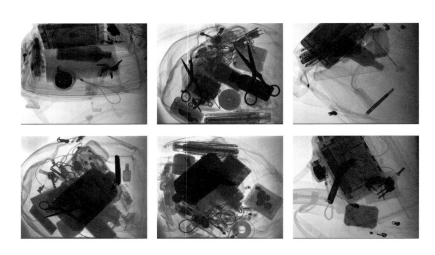

■ 図 6.18：合成画像の例。もとになる背景画像のランダムな位置に、抽出した危険物画像をスケールと角度を変化させながら貼り付けている

抽出し、スケールと角度を変化させながら背景画像のランダムな位置に貼り付ける手法で大量の合成画像を作成しました。X 線合成は、吸光光度分析におけるランベルト–ベールの法則（Lambert-Beer's law）に基づいています。合成の詳細な手順については、文献 **[121]** を参照してください。

6.7 危険物を探知する AI

■表 6.7：X 線撮影画像の訓練用とテスト用への分割

	訓練用画像	テスト用画像	合計
自然画像	662 (10.82%)	442 (7.22%)	1104 (18.04%)
合成画像	3010 (49.17%)	2007 (32.79%)	5017 (81.96%)
合計	3672 (59.99%)	2449 (40.01%)	6121 (100.00%)

実験は 6,121 枚の画像を**表 6.7** のように訓練用とテスト用に分割して行いました。訓練用画像とテスト用画像の比率はおよそ 6：4 です。

初期世代の個体は、**表 6.8** に示した構造のネットワークとします。このネットワーク構造は、物体検出に特化した YOLOv2 [86] のネットワーク構造と同じものです。もとの YOLOv2 では以下の転移学習を用いています[*14]。

● 表 6.8 の二重線より上部のネットワークを ImageNet [64] で事前に学習させ、物体の分類のための特徴抽出の機能を持たせる。
● そのあとに、二重線より下部の層を表 6.8 で示したものに入れ替えて物体検出のための学習を改めて行う。

これをもとにして、二重線より下部の層のみをディープ・ニューラルエボリューションの対象とします。最終層の出力が $13 \times 13 \times 40$ のテンソルになっています。

実験に用いたパラメータを**表 6.9** のように設定しました。

ニューロ進化では、物体検出に対する性能の評価指標である mAP（mean Average Precision）を適合度として用いました。以下では mAP の算出方法を簡単に説明しましょう。

まず、検出すべき物体の種類（クラス）が 1 種類のみの場合を考えます。物体検出の対象画像を入力すると出力として矩形領域（中心座標と幅・高さを表す数値の組）がいくつか得られます。同時に、検出すべき物体が矩形領域内に存在する信頼度（confidence）も出力されます。このうち、閾値 c 以上の信頼度を持つ矩形領域だけを考慮し、次の 3 つの頻度を計算します。

---

*14 2018 年 4 月に発表された YOLOv3 は、YOLOv2 と比べてネットワーク層の数が約 3.5 倍となっている。学習により時間がかかるが、得られるモデルの検出精度は向上している。

第 6 章　ディープ・ニューラルエボリューション

■ 表 6.8：初期世代のネットワーク構造。YOLOv2 [86] のネットワーク構造と同じである。(*)
を付した畳み込み層の出力は、(**) を付した結合層にも接続されており、チャンネル
数方向に結合されるように合流している。その際に、(*) の出力はフィルター数 64 の
1×1 の畳み込みでチャンネル数 64 に削減される。さらに出力の高さと幅が 13×13
（それぞれ $\frac{1}{2}$ 倍）になるように、チャンネル数が $64 \times 2^2 = 256$ に変形される

タイプ	Filters	Size/Stride	Output
畳み込み	32	3×3	416×416
最大値プーリング		$2 \times 2/2$	208×208
畳み込み	64	3×3	208×208
最大値プーリング		$2 \times 2/2$	104×104
畳み込み	128	3×3	104×104
畳み込み	64	1×1	104×104
畳み込み	128	3×3	104×104
最大値プーリング		$2 \times 2/2$	52×52
畳み込み	256	3×3	52×52
畳み込み	128	1×1	52×52
畳み込み	256	3×3	52×52
最大値プーリング		$2 \times 2/2$	26×26
畳み込み	512	3×3	26×26
畳み込み	256	1×1	26×26
畳み込み	512	3×3	26×26
畳み込み	256	1×1	26×26
畳み込み (*)	512	3×3	26×26
最大値プーリング		$2 \times 2/2$	13×13
畳み込み	1024	3×3	13×13
畳み込み	512	1×1	13×13
畳み込み	1024	3×3	13×13
畳み込み	512	1×1	13×13
畳み込み	1024	3×3	13×13
畳み込み	1024	3×3	13×13
畳み込み	1024	3×3	13×13
結合 (**)	$1024 + 256$	-	13×13
畳み込み	1024	3×3	13×13
畳み込み	40	1×1	13×13

True Positive　予測領域のうち、正解領域を「検出」した頻度

False Positive　予測領域のうち、正解領域を「検出」しなかった頻度

False Negative　正解領域のうち、予測領域によって「検出」されなかった
　　　　　　　　頻度

■ 表 6.9：実験のパラメータ

パラメータ	値
最終世代数 T	4
各世代内の個体数 N	4
次世代に追加されるエリートの個体数 k	1
バッチサイズ b	64
訓練用画像の枚数 L_{train}（表 6.7）	3,672
テスト用画像の枚数 L_{test}（表 6.7）	2,449
最小エポック数 $i_{\min}$	10,000
最大エポック数 $i_{\max}$	25,000

予測領域が正解領域を「検出」するとは、2つの領域の重なり度合いを表す数値である IoU（Intersection over Union）の値が 0.5 以上であることを意味します。**図 6.19** には IoU の定義を示しました。IoU とは、2 領域の和集合（Union）の面積に対する積集合（Intersection）の面積の割合です。なお、複数の予測領域が 1 つの正解領域を覆っている場合は、1 つの予測領域だけが True Positive としてカウントされ、それ以外の予測領域はすべて False Positive としてカウントされます。

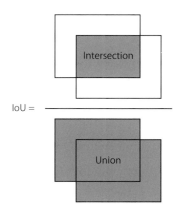

■ 図 6.19：IoU の定義

以上の定義のもと、与えられたすべてのテスト用画像に対して、True Positive（TP）、False Positive（FP）、False Negative（FN）を集計すると、次の Recall（再現率）と Precision（適合率、sensitivity）の値を求めることができます。

$$\text{Recall} = \frac{\text{TP}}{\text{TP} + \text{FN}}$$

$$\text{Precision} = \frac{\text{TP}}{\text{TP} + \text{FP}}$$

Recallは「検出すべき物体のうち、実際に検出できた物体の割合」です。Precisionは「物体が存在すると予測された領域のうち、実際にそこに物体が存在していた領域の割合」です。

閾値cの値を変化させると考慮する予測領域の数が変わります。したがってTP、FP、FNの値や、RecallとPrecisionの値も変わることに注意してください。そのため、横軸にRecall、縦軸にPrecisionの値をとり、閾値cの値を0から1まで変化させながらプロットした点を結ぶと、**図6.20**のようなPR曲線(Precision-Recall curve)が得られます。PR曲線と軸との間で囲まれる部分の面積をAP（Average Precision）と呼び、0から1までの値をとります。APが大きいほど検出の精度は高くなります。

検出対象のクラスが増えたときには、各クラスごとにAPを計算できます。mAPとは各クラスごとに計算したAPの平均値のことです。

世代が進むごとに各個体の適合度（mAP）がどのように推移したかを**図6.21**に示します。進化によって得られた最良個体のmAP、および進化に要した計算時間は**表6.10**の通りです。**表6.11**は各世代で選択された突然変異の操作です。

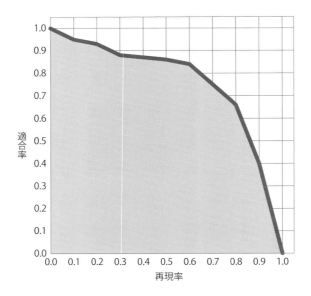

■ 図6.20：PR曲線の例。グレー領域がAPを表す

進化の過程で得られた最良個体のネットワーク構造を **図 6.22** に示します。**図 6.23** の樹形図は、各世代での最良個体の進化の様子です。従来手法である

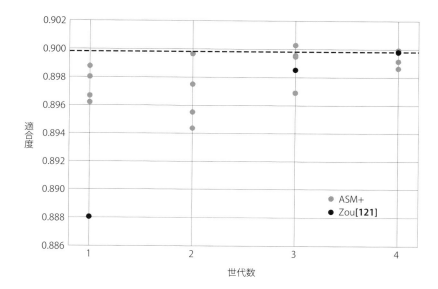

■ 図 6.21：世代ごとの全個体の適合度の推移。黒い点は、文献 [121] の Exp. 5/Run 11 の結果をプロットしたもの（Zou の結果はエポック数を同じ世代数に換算した）

■ 表 6.10：各手法による True Positive（TP）、False Positive（FP）、False Negative（FN）の件数、AP、mAP（%換算）および計算時間の比較。TP、FP、FN 算出時の閾値は 0.25 とした

手法	TP	FP	FN	AP はさみ	AP ナイフ	AP ペットボトル	mAP	計算時間
Zou[121]	5,474	517	469	90.46%	88.82%	90.67%	89.98%	7 GPUH
ASM+	5,485	459	458	90.32%	89.16%	90.60%	90.03%	84 GPUH

■ 表 6.11：各世代で最良個体を更新した突然変異の操作。空欄はその世代で最良個体の更新が行われなかったことを表す

世代	突然変異の操作	最大 mAP
0	initialize	-
1	add_concatenate	0.8988
2	-	0.8997
3	add_convolution	0.9003
4	add_concatenate	0.8999

第 6 章 ディープ・ニューラルエボリューション

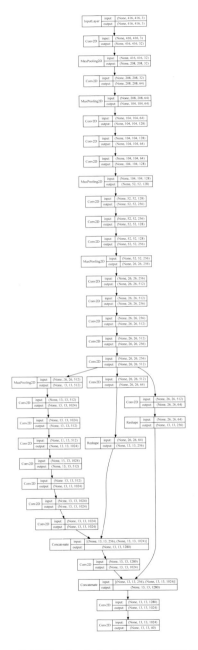

■ 図 6.22：最良個体のネットワーク構造。凡例は図 6.7 を参照

6.7 危険物を探知する AI

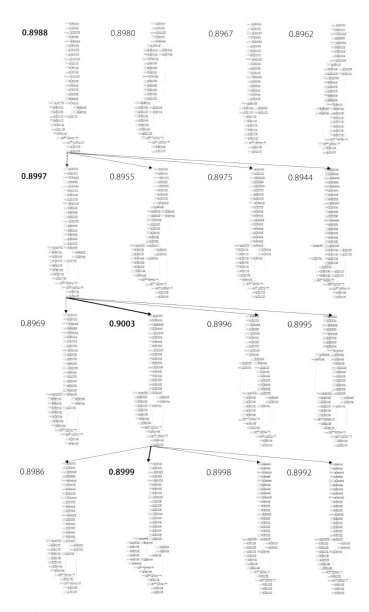

■ 図 6.23：各世代での最良個体の進化を示す樹形図。各個体のネットワーク構造に併記された数値はその個体の適合度（mAP）である。数値を太字で示した個体は次世代に選択された個体である。太い矢印（黒）と点線の矢印（グレー）は選択の流れを表しており、太い矢印は突然変異が起きたこと、点線の矢印はクローンされたことを示す

Zou[121] の結果と比較してみましょう。ディープ・ニューラルエボリューション（ASM+）では、最大で mAP の値を 0.05% 改善しています（表 6.10）。また、True Positive（危険物を実際に検出できた件数）は増加しました。さらに、False Positive（誤って危険物以外の物体を検出した件数）は減少し、False Negative（誤って危険物を検出しなかった件数、見逃した件数）は減少しました。したがって、危険物検出のタスクにおいては Recall、Precision ともに改善され、性能が向上しています。図 6.24 に、Zou の手法による検出では見逃されたが、ディープ・ニューラルエボリューション（ASM+）で正しく検出できた例を示します。

(a) Zou の手法による検出結果　　(b) ディープ・ニューラルエボリューション（ASM+）による検出結果

■ 図 6.24：Zou の手法 [121] による検出漏れをディープ・ニューラルエボリューションでは正しく検出できた例。画像中央付近にペットボトル 2 個とナイフ 1 個が重なっている

図 6.23 の樹形図に着目すると、実際に得られた構造には add_concatenate によって生じるバイパスが多数見られます。Zou の結果よりも mAP の値を改善したネットワーク構造を見てみましょう。26×26（幅 × 高さ）の出力を持つ層から、最終層に近い側の 13×13 の入力を持つ層に向かってバイパスが 3 本伸びています。これは医療画像のセグメンテーションで用いられている U-Net[88] に類似した U 字型の構造です（図 6.25）。大きい特徴マップを持つ層からの高解像度の出力を、小さい特徴マップを持つ層にバイパスすることで、小さい物体を検出しやすくする効果があります。

以上の研究の詳細は [12] を参照してください。

6.7 危険物を探知する AI

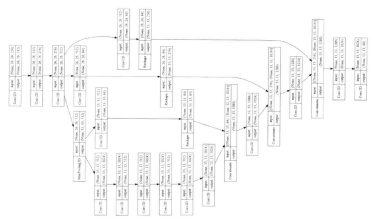

（a）ディープ・ニューラルエボリューション（ASM+）により得られた構造

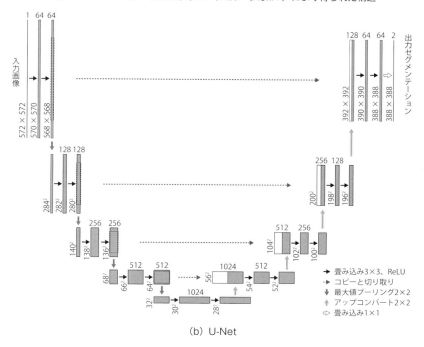

（b）U-Net

■図 6.25：ネットワーク構造の比較

177

第 6 章　ディープ・ニューラルエボリューション

6.8 メタヒューリスティクス再考

　本書の最後に、ニューロ進化やディープ・ニューラルエボリューションの重要
な要素であるメタヒューリスティクスについて再考しましょう。

　メタヒューリスティクスには、新しい手法が数多く提案されています。たとえ
ば筆者の知る限りでは、以下のようなものが知られています（これまでに説明し
たものを除く）。

- カエル探索：Shuffled Frog-Leaping Algorithm（SFLA）
- ミツバチ交配最適化：Honey-Bee Mating Optimization（HBMO）
- 外来雑種最適化：Invasive Weed Optimization（IWO）
- コウモリ探索：Bat Algorithm（BA）
- 植物繁殖アルゴリズム：Plant Propagation Algorithm（PPA）
- 水循環アルゴリズム：Water Cycle Algorithm（WCA）
- 共生生物探索：Symbiotic Organisms Search（SOS）algorithm
- ゴキブリ探索：Cockroach Swarm Optimization
- バクテリア探索：Bacterial Foraging Optimization
- 灰色オオカミ探索：Grey Wolf Optimiation（GWO）
- 花火アルゴリズム：fireworks algorithm
- クジラ探索：Whale optimization algorithm
- リス探索：Squirrel search algorithm
- 重力探索：Gravitational search algorithm（GSA）
- ひらめき探索：Brain Storm Optimization（BSO）
- 集団心理療法探索：Group Counseling Optimization（GCO）

　前の図 3.1（44 ページ参照）はこれらのメタヒューリスティクスの大まかな分
類でした。この図に含まれていない手法も多々あります。また、これだけ多くの
手法が提案されていると、そのすべてを網羅することは困難になります。さらに
そのどれがよりすぐれているのか、特定の問題にはどの手法を用いるべきか、な
どの研究は今後の重要な課題です。羊探索というのはまだ提案されていないよう
ですが、まさに「亡羊の嘆」[15]というところでしょうか。

---

[15]　『列子』から。逃げた羊を追いかけたが、道が多くて、見失ってしまったことを嘆くさま。そこから、学問
の道があまりに幅広いために、どの道を進むかわからず、容易に真理に達せられないことのたとえ。

178

6.8 メタヒューリスティクス再考

　メタヒューリスティクスに関してはいくつかの批判的見解が表明され、多くの議論がなされています。

　メタヒューリスティクスには、突飛な名前や自然を連想させる用語や比喩（metaphor）が多用されています。たとえば、ハーモニー探索では、

- ハーモニー（harmony）
- ピッチ（pitch）、ノート（note）
- よりよく響く（sounds better）

という表現が使われます。しかしながら、これらは従来から用いられている、

- 解（solution）
- 決定変数（decision variable）
- よりよい目的関数値を持つ（has a better objective function value）

の言い換えに過ぎません。こうした語法が混乱を招くという批判もなされています [96]。ただし、比喩的表現を用いること自体はわかりやすさのためには問題がないと思われます*16。一方で、メタヒューリスティクスの新規性を主張する際には慎重を要します。既存の手法との相違を明確に認識し、議論することがきわめて重要です。

　Wayland は、ハーモニー探索が進化戦略の特殊例 $(\mu+1)-ES$ に過ぎないと批判しています [112]*17。

　1.2.2 節で説明した ES のアルゴリズムの 1 つである $(\mu+1)ES$ を再び見てみましょう（**Algorithm 9** 参照）。このアルゴリズムとハーモニー探索のアルゴリズム（**Algorithm 2** 参照）を比べてみれば、パラメータの設定などに些細な違いはありますが、本質的な計算手法は同じように見えます [112]。ただし、ハーモニー探索を拡張した方法やパラメータ設定法に関しては、ES とは異なる議論展開が可能かもしれません。

---

*16　たとえば偉大な数学者ヒルベルト（David Hilbert）は、数学の形式的な議論のために、「点、線、面ではなく、机、椅子、ビールジョッキと言い換えても幾何学はできる」と言ったとされる。つまり、公理的に定義すれば厳密な議論としてはまったく問題ない。

*17　これには多くの議論があり、手法が異なるという反論もある。詳細は https://en.wikipedia.org/wiki/Harmony_search を参照。

第 6 章　ディープ・ニューラルエボリューション

[Algorithm 9]　進化戦略：$(\mu + 1) - ES$

集団をランダムな解候補で初期化する。

while 終了条件が満たされない do

　　新しい解候補を交叉と突然変異で生成する。

　　if 新しい解候補が集団中の最悪解よりもよい then

　　　　最悪解を新しい解候補で置き換える。

　　end if

end while

集団中の最良解を返す。

　メタヒューリスティクスを提案する研究者が類似性のある他の手法を認識していないのは問題です [96]。新しい手法を開発する場合には、過去の研究を踏まえて議論することが必須だからです。

　「温故知新*18」という中国の格言があります。昔の手法をもとにして新しい手法に拡張することは悪いことではなく、むしろ推奨されます。特に発展の目覚ましい AI の研究では、かつて忘れられていた手法が新しい技術（ビッグデータ、超高速計算など）により復活することが期待され、実際に多くの例が知られています。このようなときにこそ、昔の手法を尊重した上での発展的な議論が重要です。健全な研究コミュニティであれば、提案されているさまざまな手法同士が切磋琢磨し、淘汰の過程を経てより頑強なアプローチが後世に残るからです。進化をもとにした AI 研究を志す者として、研究成果においての進化的現象*19を当然ながら期待しています。

---

*18　昔の事柄を調べたり考えたりして、新たな道理や知識を見い出し自分のものとすること。出典は『論語（為政篇）』。師となる条件は先人の思想や学問を研究することだと述べた孔子の言葉。

*19　種分化（speciation）、多様性（diversity）、自然選択（natural selection）、前適応（preadaptation）、断続平衡（punctuated equilibrium）などが想定される。

参考文献

[1] 伊庭斉志、進化論的計算の方法、東京大学出版、1999.

[2] 伊庭斉志、知の科学−進化論的計算手法、オーム社、2005.

[3] 伊庭斉志、進化計算と深層学習―創発する知能、オーム社、2015.

[4] 伊庭斉志、人工知能と創発 ―知能の進化とシミュレーション―、オーム社、2017.

[5] 帯刀益夫、利己的細胞: 遺伝子と細胞の闘争と進化、新曜社、2018.

[6] アミーナ・カーン（著）、松浦俊輔（訳）、生物模倣―自然界に学ぶイノベーションの現場から、作品社、2018.

[7] 小松正、いじめは生存戦略だった!? 進化生物学で読み解く生き物たちの不可解な行動の原理、秀和システム、2016.

[8] 坂本一寛、創造性の脳科学: 複雑系生命システム論を超えて、東京大学出版会、2019.

[9] 白土良一、石原正雄、伊藤宏、武富香麻里、天才を育むプログラミングドリル―Mind Render で楽しく学ぶ VR の世界、カットシステム、2018.

[10] メノ・スヒルトハウゼン（著）、田沢恭子（訳）、ダーウィンの覗き穴: 性的器官はいかに進化したか、早川書房、2016.

[11] 田島新、ヒューマノイドロボットによるスローイング動作の進化的学習、東京大学工学部電子情報工学科卒業論文、2015.

[12] 塚田涼太郎、畳み込みニューラルネットワークの進化的合成に関する研究、東京大学工学部電子情報工学科卒業論文、2019.

[13] リチャード・ドーキンス（著）、垂水雄二（訳）、ドーキンス自伝 II、ささやかな知のロウソク−科学に捧げた半生、早川書房、2017.

[14] マティン・ドラーニ（著）、リズ・カローガー（著）、吉田三知世（訳）、動物たちのすごいワザを物理で解く: 花の電場をとらえるハチから、しっぽが秘密兵器のリスまで、インターシフト、2018.

[15] 林幸雄、自己組織化する複雑ネットワーク: 空間上の次世代ネットワークデザイン、近代科学社、2014.

[16] 原野健一、ミツバチの世界へ旅する（フィールドの生物学）、東海大学出版部、2017.

[17] 日並遼太、遺伝子制御ネットワークを用いたヒューマノイドロボットの動作学習、東京大学工学部電子情報工学科卒業論文、2014.

[18] 福島邦彦、位置ずれに影響されないパターン認識機構の神経回路モデル–ネオコグニトロン–、信学論（A）、vol.J62.A、no.10、pp.658–665、1979.

[19] 松下貢（編）、生物にみられるパターンとその起源、東京大学出版会、2005.

[20] ピーター・ミラー（著）、土方奈美（訳）、群れのルール: 群衆の叡智を賢く活用する方法、東洋経済新報社、2010.

[21] 楊奕、伊庭斉志、"遺伝的アルゴリズムを用いた誤判定音声生成"、進化計算シンポジウム、2017/12/9–10、北海道茅部郡森町、2017.

[22] Adamatzky, A., "Voronoi–like partition of lattice in cellular automata," *Mathematical and Computer Modelling*, vol.23, no.4, pp.51–66, 1996.

[23] Adamatzky, A., Costello, B., Asai, T., *Reaction-Diffusion Computers*, Elsevier Science, 2005.

[24] Asfour, T. and Dillmann, R., "Human-like Motion of a Humanoid Robot Arm Based on a Closed-Form Solution of the Inverse Kinematics Problem," *Proc. of 2003 IEEE/RSJ International Conference on Intelligent Robots and Systems (IROS 2003)*, vol.2, pp.1407–1412, 2003.

[25] Bäck, T., Hoffmeister, F., and Schwefel, H.-P., "An Survey of Evolution Strategies," in *Proc. 4th International Conference on Genetic Algorithms (ICGA91)*, pp.2–9, Morgan Kaufmann, 1991.

[26] Bäck, T., "An Overview of Evolutionary Algorithms for Parameter Optimization," *Evolutionary Computation*, vol.1, no.1, pp.1–23, 1993.

[27] Baldwin, J.M., "A New Factor in Evolution," *The American Naturalist*, vol.30, no.354, pp.441–451, 1986.

[28] Bhattacharjee, K. and Sarmah, S.P., "A binary firefly algorithm for knapsack problems," pp.73–77, 10.1109/IEEM.2015.7385611, 2015.

[29] Chaudhury, S. and Yamasaki, T., "Adversarial Attack during Learning," in *Proc. of the 22nd Meeting on Image Recognition and Understanding (MIRU)*, OS2A-3, 2019.

[30] Chu, S.-C., Tsai, P.-W., Pan, J.-S., "Cat Swarm Optimization," in *Proc. Pacific Rim International Conference on Artificial Intelligence (PRI-CAI 2006)*, pp.854–858, 2006.

[31] Civicioglu, P. and Besdok, E., "A conceptual comparison of the Cuckoo-search, particle swarm optimization, differential evolution and artificial bee colony algorithms," *Artificial Intelligence Review*, vol.39, no.4, pp.315–346, 2013.

[32] Costa, V., Lourenco, N., and Machado, P., "Coevolution of Generative Adversarial Networks," in *Applications of Evolutionary Computation, (EvoApplications 2019)*, Kaufmann, P. and Castillo, P. (eds.), Lecture Notes in Computer Science, vol.11454, pp.473–487, Springer, 2019.

[33] Couzin, I.D., Krausew, J., Jamesz, R., Ruxtony, G.D. and Franksz, N.R., "Collective Memory and Spatial Sorting in Animal Groups," *Journal of Theoretical Biology*, vol.218, no.1, pp.1–11, 2002.

[34] Cully, A., Clune, J., Mouret, J.B., "Robots that can adapt like natural animals," arXiv preprint arXiv:1407.3501, 2014.

[35] Dorigo, M. and Gambardella, L.M., "Ant colonies for the traveling salesman problem," Tech. Rep. IRIDIA/97-12, Universite Libre de Bruxelles, Belgium, 1997.

[36] Edelman, G., *Neural Darwinism: The Theory of Neuronal Group Selection*, Oxford University Press, 1989.

[37] ElSaid, A., Jamiy, F.E., Higgins, J., Wild, B., Desell, T., "Using ant colony optimization to optimize long short-term memory recurrent neural networks," *Proc. of the Genetic and Evolutionary Computation Conference (GECCO2018)*, pp.13–20, 2018.

[38] Fernando, C., Banarse, D., Reynolds, M., Besse, F., Pfau, D., Jaderberg,M., Lanctot,M., Wierstra,D., "Convolution by Evolution–Differentiable Pattern Producing Networks," in *Proc. of the Genetic and Evolutionary Computation Conference 2016. (GECCO16)*, pp.109–116, 2016.

[39] Feng, S., Whitman, E., Xinjilefu, X., and Atkeso, C.G., "Optimization Based Full Body Control for the Atlas Robot," *Proc. of 2014 IEEE-RAS International Conference on Humanoid Robots*, pp.120–127, 2014.

[40] Geem, Z.W., Kim, J.H., and Loganathan, G.V., "A new heuristic optimization algorithm: harmony search," *Simulation*, vol.76, no.2, pp.60–

68, 2001.

[41] Goodfellow, I., Pouget-Abadie, J., Mirza, M., Xu, B., Warde-Farley, D., Ozair, S., and Bengio, Y., "Generative adversarial nets," in *Advances in Neural Information Processing Systems*, pp.2672–2680, 2014.

[42] Goss, S., Aron, S., Deneubourg, J.L., and Pasteels, J.M., "Self-organized shortcuts in the argentine ant," Naturwissenschaften, vol. 76, pp. 579–581, 1989.

[43] Hansen, N. and Ostermeier, A., "Adapting arbitrary normal mutation distributions in evolution strategies: The covariance matrix adaptation," in *Proc. of the 1996 IEEE International Conference on Evolutionary Computation (CEC96)*, pp.312–317, 1996.

[44] Hara, A., Kushida, J., Kitao, K. and Takahama, T., "Neuroevolution by Particle Swarm Optimization with Adaptive Input Selection for Controlling Platform-Game Agent," *Proc. of 2013 IEEE International Conference on Systems, Man, and Cybernetics, (SMC2013)*, pp.2504–2509, 2013.

[45] Hausknecht, M., Khandelwal, P., Miikkulainen, R. and Stone, P., "HyperNEAT-GGP: A HyperNEAT-based Atari General Game Player," *Proceedings of the Genetic and Evolutionary Computation Conference (GECCO 2012)*, pp.217–224, 2012.

[46] He, C., Noman, N., and Iba, H., "An Improved Artificial Bee Colony Algorithm with Non-separable Operator," in *Proc. of International Conference on Convergence and Hybrid Information Technology*, 2012.

[47] He, K., Zhang, X., Ren, S., and Sun, J., "Deep Residual Learning for Image Recognition," in *Proc. 2016 IEEE Conference on Computer Vision and Pattern Recognition*, 2016.

[48] Hepper, F. and Grenader, U., "A stochastic nonlinear model for coordinated bird flocks," AAAS publication, Washington, DC, 1990.

[49] Herdy, M., "Appication of the Evolution Strategy to Discrete Optimization Problems," in Parallel Problem Solving from Nature (PPSN), Schwefel, H.-P. and Männer, R. (eds.), pp.188–192, Springer-Verlag, 1990.

[50] Hilditch, C.J., Linear Skeletons From Square Cupboards in Meltzer, B. & Michie, D. (eds.), *Machine Intelligence 4*, pp.403–420, Edinburgh University Press, 1969.

[51] Huang, G., Liu, Z., and Weinbergerz, K., "Densely Connected Convolutional Networks," in *Proc. of Computer Vision and Pattern Recognition (CVPR2017)*, 2017.

[52] Iba, H. and Noman, N., *New Frontiers in Evolutionary Algorithms: Theory and Applications*, ISBN-10: 1848166818, World Scientific Publishing Company, 2011.

[53] Iba, H. and Noman, N. (eds.), *Evolutionary Computation in Gene Regulatory Network Research*, Wiley Series in Bioinformatics, ISBN-10: 1118911512, Wiley, 2016.

[54] Iba, H., *Evolutionary Approach to Machine Learning and Deep Neural Networks: Neuro-Evolution and Gene Regulatory Networks*, Springer, 2018.

[55] Inamura, T., Tanie, H., and Nakamura, Y., "Keyframe compression and decompression for time series data based on the continuous hidden Markov model," in *Proc. of 2003 IEEE/RSJ International Conference on Intelligent Robots and Systems (IROS 2003)*, vol.2, pp.1487–1492, 2003.

[56] Jouaiti, M. and Henaff, P., "CPG-based Controllers can Generate Both Discrete and Rhythmic Movements," *Proc. ROS 2018 - IEEE/RSJ International Conference on Intelligent Robots and Systems*, 2018.

[57] Juang, C.F., and Yeh, Y.T., "Multiobjective Evolution of Biped Robot Gaits Using Advanced Continuous Ant-Colony Optimized Recurrent Neural Networks," *IEEE Transactions on Cybernetics*, vol.48, no.6, pp.1910–1922, 2018.

[58] Karaboga, D. and Basturk, B.: "A Powerful and Efficient Algorithm for Numerical Function Optimization: Artificial Bee Colony (ABC) Algorithm," *Journal of Global Optimization*, vol.39, pp.459–471, 2007.

[59] Karaboga, D., Gorkemli, B., Ozturk, C., and Karaboga, N.: "A Comprehensive Survey: Artificial Bee Colony (ABC) Algorithm and Applications," *Artificial Intelligence Review*, Doi:10.1007/s10462-012-9328-0, 2012.

[60] Kawabata, N. and Iba, H., "Evolving Humanoid Robot Motions Based on Gene Regulatory Network," in *Proc. of The IEEE International Conference on Advanced Robotics and Mechatronics (ICARM)*, 2019.

[61] Kennedy, J. and Eberhart, R.C., Swarm Intelligence, Morgan Kaufmann Publishers, 2001.

[62] Kingma, D.P. and Ba, J., "Adam: A Method for Stochastic Optimization," in *Proc. of the 3rd International Conference on Learning Representations (ICLR2015)*, 2015.

[63] Kondo, Y., Yamamoto, S., and Takahashi, Y., "Real-time Posture Imitation of Biped Humanoid Robot based on Particle Filter with Simple Joint Control for Standing Stabilization," *Proc. of 2016 Joint 8th International Conference on Soft Computing and Intelligent Systems (SCIS) and 17th International Symposium on Advanced Intelligent Systems (ISIS)*, pp.130–135, 2016.

[64] Krizhevsky, A., Sutskerver, I. and Hinton, G.E., "ImageNet classification with deep convolutional neural networks," Advances in Neural Information Processing Systems 25 (NIPS), pp.1097–1105, 2012.

[65] Larsen, A.B.L., Sønderby, S.K., and Winther, O., "Autoencoding beyond pixels using a learned similarity metric," arXiv preprint arXiv:1512.09300, 2015.

[66] Le, Q., Ranzato, M., Monga, R., Devin, M., Chen, K., Corrado, G., Dean, J. and Ng, A., "Building high-level features using large scale unsupervised learning," in *Proc. of the 29th International Conference on Machine Learning*, 2012.

[67] LeCun, Y., Bottou, L., Bengio, Y. and Haffner, P., "Gradient-based learning applied to document recognition," *Proceedings of the IEEE*, vol.86, no.11, pp.2278–2324, 1998.

[68] Li, Z., Xiong, X., Ren, Z., Zhang, N., Wang, X., and Yang, T., "An Aggressive Genetic Programming Approach for Searching Neural Network Structure Under Computational Constraints," *arXiv preprint,*

arXiv:1806.00851, 2018.

[69] Liu, Y., Zeng, Y., Liu, L., Zhuang, C., Fu, X., Huang, W., and Cai, Z., "Synthesizing AND gate genetic circuits based on CRISPR-Cas9 for identification of bladder cancer cells," *Nature Communications*, vol.5, Article number:5393, 2014.

[70] Lohmann, R., "Structure evolution and incomplete induction," in *Proc. 2nd Parallel Problem Solving from Nature (PPSN92)*, pp.175–185, North-Holland, 1992.

[71] Mendes, P., Sha, W., and Ye, K., "Artificial gene networks for objective comparison of analysis algorithms," *Bioinformatics*, vol.19, no.Suppl.2, pp.ii122-ii129, 2003.

[72] Michalewics, Z., *Genetic Algorithms + Data Structures = Evolution Programs*, Springer-Verlag, 1992.

[73] Miller, J.F. (ed.), *Cartesian Genetic Programming*, Springer, 2011.

[74] Miikkulainen, R., Liang, J., Meyerson, E., Rawal, A., Fink, D., Francon, O., Raju, B., Shahrzad, H., Navruzyan, A., Duffy, N., Hodjat, B., "Evolving Deep Neural Networks," arXiv:1703.00548, 2017.

[75] Mouret, J. and Clune, J., "Illuminating search spaces by mapping elites," arXiv:1504.04909v1, 2015

[76] Nakagaki, T., Yamada, H., and Toth, A., "Intelligence: Maze-Solving by an Amoeboid Organism," *Nature*, vol.407, p.470, 2000.

[77] Nassour, J., Henaff, P., Benouezdou, F., and Cheng, G., "Multi-layered multi-pattern CPG for adaptive locomotion of humanoid robots," *Biological Cybernetics*, vol.108, no.3, pp291–303, 2014.

[78] Netzer, Y., Wang, T., Coates, A., Bissacco, A., Wu, B., and Ng, A., "Reading Digits in Natural Images with Unsupervised Feature Learning," in *Proc. of NIPS Workshop on Deep Learning and Unsupervised Feature Learning*, 2011.

[79] Nguyen, A., Yosinski, J., and Clune, J., "Deep Neural Networks are Easily Fooled:High Confidence Predictions for Unrecognizable Images," in *Proc. of 2015 IEEE Conference on Computer Vision and Pattern Recognition (CVPR)*, pp.427–436, 2015.

[80] Osman, I.H. and Kely, J.P. (eds.), *Meta-Heuristics: Theory and Applications*, Kluwer Academic Publishers, 1996.

[81] Povey, D., Ghoshal, A., Boulianne, G., Burget, L., Glembek, O., Goel, N., Hannemann, M., Motlíček, P., Qian, Y., Schwarz, P., Silovský, J., Stemmer, G. and Veselý, K., "The Kaldi Speech Recognition Toolkit," in *Proc. IEEE 2011 Workshop on Automatic Speech Recognition and Understanding (ASRU)*, 2011.

[82] Price, K.V., Storn, R.M. and Lampinen, J.A., *Differential Evolution: A Practical Approach to Global Optimization*, Springer, 2005.

[83] Radford, A., Metz, L., and Chintala, S., "Unsupervised Representation Learning with Deep Convolutional Generative Adversarial Networks," arXiv preprint arXiv:1511.06434, 2015.

[84] Rechenberg, I., "Evolution strategy and human decision making," *Human decision making and manual control*, Willumeit, H.P. (ed.), pp.349–359, North-Holland, 1986.

[85] Redmon, J., Divvala, S., Girshick, R., and Farhadi, A., "You Only Look Once: Unified, Real-Time Object Detection," *arXiv preprint,* arXiv: 1506.02640, 2015.

[86] Redmon, J. and Farhadi, A., "YOLO9000: Better, Faster, Stronger," *arXiv preprint,* arXiv: 1612.08242, 2016.

[87] Reynolds, C.W., "Flocks, herds and schools: a distributed behavioral model," *Computer Graphics*, vo.21, no.4, 1987.

[88] Ronneberger, O., Fischer, P., and Brox, T., "U-Net: Convolutional Networks for Biomedical Image Segmentation," *arXiv preprint,* arXiv: 1505.04597, 2015.

[89] Schrum, J. and Miikkulainen, R., "Evolving Multimodal Behavior With Modular Neural Networks in Ms. Pac-Man," *Proceedings of the Genetic and Evolutionary Computation Conference (GECCO 2014)*, pp.325–332, 2014.

[90] Schwefel, H., *Numerical optimization of computer models*, John Wiley & Sons, 1981.

[91] Sehara, K., Toda, T., Iwai, L., Wakimoto, M., Tanno, K., Matsubayashi, Y., and Kawasaki, H., "Whisker-related axonal patterns and plasticity of layer 2/3 neurons in the mouse barrel cortex," *Journal of Neuroscience*, vol.30, no.8, pp.3082–3092, 2010.

[92] Seide, F., Li, G., Yu, D., "Conversational Speech Transcription Using Context-Dependent Deep Neural Networks," in *Proc. of Interspeech*, pp.437-440, 2011.

[93] Shan, J. and Nagashima, F., "Neural Locomotion Controller Design and Implementation for Humanoid Robot HOAP-1," *Proc. the 20th annual conference of the robotics society of Japan*, 2002.

[94] Sheehan, M.J. and Tibbetts, E.A., "Specialized Face Learning Is Associated with Individual Recognition in Paper Wasps" *Science*, vol.334, no.6060, pp.1272–1275, 2011.

[95] Simonyan, K. and Zisserman, A., "Very Deep Convolutional Networks for Large-Scale Image Recognition," *Proc. of International Conference on Learning Representations*, 2014.

[96] Sörensen, K., "Metaheuristics–the metaphor exposed," *International Transactions in Operational Research*, vol.22, no.1, pp.3–18, 2015.

[97] Sörensen, K., Sevaux, M., Glover, F., "A History of Metaheuristics," arXiv:1704.00853v1 [cs.AI] 4 Apr 2017, to appear in Mart, R., Pardalos, P., and Resende, M., *Handbook of Heuristics*, Springer.

[98] Stanley, K.O. and Miikkulainen, R., "Evolving neural networks through augmenting topologies," *Evolutionary Computation*, vol.10, no.2, pp.99–127, 2002.

[99] Stanley, K.O., "Compositional pattern producing networks: A novel abstraction of development," *Genetic Programming and Evolvable Machines*, Special Issue on Developmental Systems, vol.8, no.2, pp.131–162, 2007.

[100] Stanley, K.O., D'Ambrosio, D.B. and Gauci, J., "A hypercube-based encoding for evolving large-scale neural networks," *Artificial Life*, vol.15, no.2, pp.185–212, 2009.

[101] Storn, R. and Price, K., "Differential evolution–a simple and efficient heuristic for global optimization over continuous spaces," *Journal of*

Global Optimization, vol.11, pp.341–359, 1997.

[102] Su, J, Vargas, D.V., and Sakurai, K., "One Pixel Attack for Fooling Deep Neural Networks," *IEEE Transactions on Evolutionary Computation*, 2019.

[103] Suganuma, M., Shirakawa, S., and Nagao, T., "A Genetic Programming Approach to Designing Convolutional Neural Network Architectures," in *Proc. of the Genetic and Evolutionary Computation. Conference 2017 (GECCO2017)*, pp.497–504, 2017.

[104] Szegedy, C., Liu, W., Jia, Y., Sermanet, P., Reed, S., Anguelov, D., Erhan, D., Vanhoucke, V., and Rabinovich, A., "Going Deeper with Convolutions," in *Proc. of Computer Vision and Pattern Recognition (CVPR2016)*, 2016.

[105] Szegedy, C., Vanhoucke, V., Ioffe, S., Shlens, J. and Wojna, Z., "Rethinking the inception architecture for computer vision," in *Proc. of the IEEE Conference on Computer Vision and PatternRecognition* , pp.2818–2826, 2016.

[106] Tamura, H., "A comparison of line thinning algorithms from digital geometry viewpoint," in *Proc. Int. Joint Conf. on Pattern Recognition*, Kyoto, Japan, pp.715–719, 1978.

[107] Tero, A., Takagi, S., Saigusa, T., Ito, K., Bebber, D.P., Fricker, M.D., Yumiki, K., Kobayashi, R., Nakagaki, T., "Rules for Biologically Inspired Adaptive Network Design," *Science*, vol.327, no.5964, pp.439–442, 2010.

[108] Toutouh, J., Hemberg, E., O'Reilly, U.-M., "Spatial evolutionary generative adversarial networks," *Proc. of the Genetic and Evolutionary Computation Conference (GECCO2019)*, pp.472–480, 2019.

[109] Unemi, T., "SBART2.4: Breeding 2D CG images and movies, and creating a type of collage," in *Proceedings of The Third International Conference on Knowledge-based Intelligent Information Engineering Systems*, pp.288–291, 1999.

[110] Wang, C., Xu, C., Yao, X., and Tao, D., "Evolutionary Generative Adversarial Networks," *IEEE Transactions on Evolutionary Computation*,

doi:10.1109/TEVC.2019.2895748, 2019.

[111] Weyland, D., "A critical analysis of the harmony search algorithm? How not to solve sudoku," *Operations Research Perspectives*, vol.2, pp.97–105, 2015.

[112] Weyland, D., "A Rigorous Analysis of the Harmony Search Algorithm - How the Research Community can be misled by a "novel" Methodology," *International Journal of Applied Metaheuristic Computing*, vol.1, no.2, pp.50–60, 2010.

[113] Wiedebach, G., Bertrand, S., Wu, T., Fiorio, L., McCrory, S., Griffin, R., Nori, F., and Pratt, J., "Walking on Partial Footholds Including Line Contacts with the Humanoid Robot Atlas," *Proc. of 2016 IEEE-RAS 16th International Conference on Humanoid Robots (Humanoids)*, pp.1312–1319, 2016.

[114] Xie, L. and Yuille, A., "Genetic CNN," *Prof. of International Conference on Computer Vision*, arXiv:1703.01513 [cs.CV], 2017.

[115] Yanase, T. and Iba, H., "Evolutionary Motion Design for Humanoid Robots," in *Proc. of the 8th annual conference on Genetic and evolutionary computation (GECCO06)*, pp.1825–1832, 2006.

[116] Yang, X.-S. and Deb, S., 2009. "Cuckoo search via Levy flights," in *Proc. World Congress on Nature & Biologically Inspired Computing (NaBIC 2009)*, pp.210–214, IEEE Publications, 2009.

[117] Yang, X., *Nature-Inspired Metaheuristic Algorithms*, 2nd ed., Luniver Press, 2010.

[118] Zagoruyko, S. and Komodakis, N., "Wide Residual Networks," arXiv preprint, arXiv: 1605.07146, 2016.

[119] Zhang, L., Cheng, Z., Gan, Y., Zhu, G., Shen, P. and Song, J., "Fast human whole body motion imitation algorithm for humanoid robots," *Proc. of 2016 IEEE International Conference on Robotics and Biomimetics (ROBIO)*, pp.1430–1435, 2016.

[120] Zhang, C., Bengio, S., Hardt, M., Recht, B., Vinyals, O., "Understanding deep learning requires rethinking generalization," *Proc. 5th International Conference on Learning Representations (ICLR2017)*, 2017.

参考文献

[121] Zou, L., Tanaka, Y. and Iba, H., "Dangerous objects detection of x-ray images using convolution neural network," *Proc. of 2nd International Conference on Security with Intelligent Computing and Big-data Services (SICBS 2018)*, 2018.

索　引

数字

$\frac{1}{5}$ 規則	11
1 ピクセル	35
3D プリンタ	135
8 の字ダンス	52

A

ABC アルゴリズム	53
ACO	47, 142
Adam	161
Aggressive Selection & Mutation	148
AGN	127, 130
AlexNet	34
AND ゲート	125
AP	172
ASM+	151, 166, 176
Atlas	126

B

BCE	160, 163, 164
boid	59
BZ 反応	90

C

CGP	17, 156
CIFAR10	33, 36, 145, 157
CIFAR100	145
CMA-ES	36
CNN	28, 142, 143
Couzin のアルゴリズム	64
CPPN	39, 119, 159
CS	74
CSO	85
C 層	28

D

DCGAN	33
DE	12
DeepNEAT	123
DenseNet	144
DLA	103, 109
DNA	123
DPPN	159
DQN	119

E

EANN	113
E.O. ウィルソン	43
ES	10, 179

F

FA	82
False Negative	170, 176
False Positive	170, 176

G

GA	6, 10, 78, 80, 84
GAN	32
Gcrossover	14
Genetic CNN	142, 152
Ginversion	14
GMM	39
Gmutation	14
Google Colaboratory	152
GoogLeNet	142
GP	6, 13, 156
GPU-days	146
GPUH	152
GRN	124
GTYPE	6, 24

索　引

H

Hilditch の細線化 100
HM 80
HOAP-2 127
HS 79
hyperNEAT 119

I

ILSVRC2012 146
ImageNet.............................31, 39, 169
Inception 34, 142
Inception V3 33
IoU 171

J

Julius 39

K

KHR-3HV 127, 135
KL ダイバージェンス 36

L

Lévy 分布 77
LISP... 13
LSTM 142

M

mAP 169, 176
MFC 39
MFCC 情報..................................... 39
Mind Render 115
MLP.. 34
MNIST 36, 151, 161
MONGERN 127
MRJ 10
MSE....................................... 160, 163
Ms. Pac-Man 119

N

N700 系 10

NASA

NASA 10
NEAT 119
NP 完全 23

O

Omniglot 164

P

Precision 171, 176
PR 曲線 172
PSO..62, 142
PTYPE..6

Q

QoS.. 49
Q 学習 117

R

Recall 171, 176
ReLU.. 143
ReLU 関数...................................... 156
ResNet 142, 144, 152, 158
RNA... 124

S

SA 44
sensitivity 171
SVHN.. 146
S 式 13
S 層 28

T

True Positive 170, 176
TSP... 47

U

U-Net 176

V

VGG.. 158

VGGNet 144, 146
VR 115
V・S・ラマチャンドラン 111

W
Webots 127

X
X 線撮影機器 166

Y
YOLO.. 152
YOLOv2 .... 152, 169
YOLOv3 169

Z
zoa 64
zoo 64
zor 64

あ
アーク 125
圧縮 29
アノテーション 167
アポトーシス 125
アメーバ 105
アリ 44
安定的動作 130
アントニオ・ダマシオ 1

い
イグ・ノーベル賞 106
位相勾配 107
一様交叉 12
一様ランダム 76
遺伝子 123
遺伝子型 6, 13, 36, 38, 39, 114,
　　　　　　116, 143, 145, 147, 156
遺伝子コード 6
遺伝子座 12

遺伝子制御ネットワーク 124
遺伝子ネットワーク 113
遺伝的アルゴリズム 6
遺伝的オペレータ 8, 16
遺伝的同化 21
遺伝的プログラミング 6, 13
イントロン 18, 124

え
エクソン 124
エコーロケーション 73
餌場 53
エッジ 125
エーデルマン 112
エドワード・ジェンナー 74
エポック 148, 151, 173
エリート数 24
エリート戦略 8
エリート率 9
エル・グレコ 27, 28, 41
エンコーディング層 161

お
オートエンコーダ 160
おとりモジュール 119
重い裾野 78
重み行列 29
温故知新 180
音声認識ツール 40

か
回避行動 64
ガウシアン 120
ガウス分布 11, 33, 36, 66
過学習 32
角運動量 68
拡散律速凝集 103
学習 19
学習曲線 33
獲得形質 20, 24

索 引

隠れ層 118
画像処理 90
カッコウ探索 74
合算関数 157
活性 127, 130
活用 78
カーネル 29, 150
仮親 74
カール・フォン・フリッシュ 52
頑強性 4, 29
ガン細胞 125
関節角 128
間接コーディング法 114
完全結合 163
完全結合層 32, 143, 151, 152

き

幾何学的規則性 121
危険物 166
木構造 13
揮発性 46, 47
キーフレームアニメーション 134
逆動力学 126
吸引 64
休憩モード 85
吸光光度分析 168
吸着率 104
教師ありの学習 31
教師なし学習 160
共進化 4, 33
共分散行列適応進化戦略 36
局所解 85, 114
局所探索 24
局所ルール 65
キリン 19

く

空間解像度 144
空間ゲーム 33
矩形領域 169

クラス 169
クラスタリング 49
グラフ構造 13
クロード・レビ=ストロース 5
クローン 148, 155
群知能 44
訓練データ 31, 156, 164

け

蛍光タンパク質 125
計算幾何学 93
撃力 129
結合加重 114
結合関数 157
結晶 103
げっ歯類 113, 121
ゲノム 123
検出 171
減衰係数 62

こ

交叉 8, 11, 144
交差エントロピー 160
交叉率 116
更新規則 95
更新ルール 65
合成画像 168
合成生物学 125
構成的パターン生成ネットワーク 119
合成率 127
勾配消失 143
勾配法 161
誤差関数 160
コラム構造 121
混合比 85

さ

再帰二分法 93
最急降下法 114
再現率 171

最高速度 87	樹形図 155, 175
細線化 100	種の進化 3
最大値プーリング 31, 152, 157	受容野 121, 163
最短経路 47, 106	巡回セールスマン問題 47
最適化 3	順伝搬 161, 163
最適解 23	蒸発係数 49
最適距離 59	女王バチ 51
栽培された思考 5	ジョセフ・ワイゼンバウム 89
細胞の自殺 125	進化 3
サイン関数 120	進化型ニューラルネットワーク 113
索敵距離 73	進化戦略 10, 179
雑音除去オートエンコーダ 160, 163	進化論 112
差分進化 12, 128	進化論的学習 13
左右対称性 120	神経振動子 127
散開的拡散 71, 74	信頼度 169
残差 144, 152	

	す
し	スイッチ確率 78
死角 65	スキップ層 150
視覚皮質 28, 121	スケジューリング 49
シグモイド活性化関数 161	スケート 133
シグモイド関数 31, 160	スズメガ 5
自己符号化器 160	スティーブン・ジェイ・グールド 3
指数分布 78	ストライド 148, 150
自然選択説 19	スーパーマリオ 123
実数値表現 10	
実数値ベクトル 114	**せ**
シナプス 112	生化学反応 90
死の行進 49	正規化 152
ジャイロセンサ 116	正規化法 34
社会性昆虫 51	正規分布 77
ジャズ 79	生殖率 9
収束係数 62	生成器 33
収束性 11	生成点 91, 94
集団記憶 64	成長過程 104
終端記号 16	積集合 171
集団極性 68	斥力 64
集団数 24, 116	世代交代 9
集団性 4	斥候バチ 52
宿主 74	セルラ・オートマトン 59

索　引

全解探索 23
センサ 115
選択 6
選択確率 86
セントラルドグマ 7

そ

創発 107
ソース・ドメイン 164, 166
ソーティング 49
ソフトマックス活性化関数 31, 156
損失関数 160, 161

た

大域的最大値プーリング 152
大語彙連続音声認識 39
体節への分化 121
ダイバージェンス・スコア 36
対話型進化計算 120
ダーウィン 5, 20
ダーウィン型 24
ダーウィン進化 163
托卵 74
ターゲット・ドメイン 164
タスク特異性 112
タスマニア効果 3
多層パーセプトロン 34
畳み込み 29
畳み込み層 28, 143, 150, 170
畳み込み操作 156
畳み込みニューラルネットワーク...28, 142
卵擬態 74
だまし音声 39
だまし画像 39
多峰性 83
田村のアルゴリズム 101
多様性 4, 133, 180
探索 78
タンパク質 124

ち

逐次添加法 93
致死遺伝子 151
チャンネル 148, 150, 157, 170
超高速計算 180
超正常刺激 76
直接コーディング法 114

つ

追跡モード 85

て

定位 64
ディープ・ニューラルエボリューション
.... 142
適合度 6, 8, 16, 54, 82, 86, 114, 116,
118, 129, 134, 145, 148,
151, 152, 161, 169, 172
適合率 171
適者生存 112
敵対的攻撃 35
デコーディング層 161
テストエラー 34
データ増強 32
テリトリ 92
転移学習 164
テンソル 169
テンプレート 29

と

淘汰 6, 180
淘汰圧 148
動的力学系 109
逃避行動 69
特徴写像 28, 157
特徴抽出 169
特徴マップ 176
突然変異 8, 10, 21, 53, 80, 85, 144,
148, 155, 173, 175
突然変異率 24, 116, 158

索引

トーナメントサイズ 8
トーナメント選択 8, 148
トーナメント方式 24
トーラス 67, 70
トラップ 129
トルク 118
ドロップアウト 32, 150
ドローン 115

な

ナップザック問題 21, 78, 83

に

二項交叉 12
二点交叉 24
ニューロ進化 112
ニューロ・ダーウィニズム 112
ニューロン 112, 162

ね

ネオコグニトロン 28
ネコ探索 85
粘菌 104

の

ノイズ 4, 29, 35, 90
ノイズ摂動 36
ノイマン近傍 95
脳細胞 112
ノード 125
ノルム 35, 98
ノルム正規化 32

は

バイナリ交差エントロピー 160
バイナリ文字列 114, 143
バイナリ列 24, 83
ハイパーパラメータ 148, 149
バク宙 138
働きバチ 51

ハチ 51
バックプロパゲーション ... 28, 32, 114, 161
発現型 6
発現量 127
発生 114, 126
発達 114, 125
バッチ正規化 143, 153, 156
パディング 150
ハミング距離 83
ハーモニー探索 79, 179
ハーモニーメモリ 80
バレル構造 113
汎化ギャップ 36
汎化能力 32, 35
ハンドフィッシュ 2
反応拡散計算 90, 94
反応拡散セルラ・オートマトン
 ....90, 94, 101
判別器 33

ひ

光強度 83
光の強さ 82
引き込み現象 107
非終端記号 16
非線形振動子 107
ピーター・メダワー 27
ビッグデータ 180
非発現領域 18
比喩的表現 179
ヒューマノイドロボット 126
評価指標 169
表現型 6, 16, 143, 147, 156
ヒルベルト 179

ふ

フィルター 29, 148, 150, 156
フェロモン 44
不完全対称 122
複雑系ネットワーク 109

199

索引

物体検出	169
負の転移	164
ブラウン運動	104
フラクタル	104
ブリコラージュ	5
プーリング層	28, 31, 143, 150, 156
フレーズ	79
ブロート	17
分解率	127
分割統治法	93
文法書き換えシステム	114
分類子	33
分類層	156

へ

平滑化	29
平均 2 乗誤差	160
平均値プーリング	31, 158
併進	67, 70
ヘリコプタ	117
変形体	105

ほ

ボイド	59
傍観バチ	51
胞子嚢	105
亡羊の嘆	178
捕食行動	72
ホタル探索	82
ポートフォリオ	10
ボールドウィン型	24
ボールドウィン効果	19
ボールドウィン進化	163
ボロノイ図	91
ボロノイ多角形	92
ホワイトノイズ	39
本能	70

ま

マクロ	59
マスク	29
マルウェア	41

み

ミクロ	59
ミステリーサークル	92
ミニバッチ	161
魅力度	83

む

ムーア近傍	95
群れ	67, 70

め

迷路探索	107
メタヒューリスティクス	44
メルケプストラム	39

も

目的関数	77
目標ドメイン	164
元ドメイン	164

や

焼き鈍し法	44
野生の思考	5
山登り法	149

ゆ

誘因刺激	107
湧出効果	71, 74
誘導タンパク質	125

よ

用不用説	19
抑制	127, 130
予測領域	172

ら

ライフサイクル	104

ラマルク 19
ラマルク型 24
ラマルク進化 163
ラマルク説 19
ランダム 150
ランダムウォーク 76, 104
ランベルト−ベールの法則 168

り

力学的解析 126
リズム 107
リチャード・ドーキンス 3, 141
隣接関係 144
隣接行列 114

隣接セル 95

る

ルイ・アガシー xiii
ルーレット選択 8, 145, 148

れ

レヴィ飛行 76
レーシングカー 115
列挙法 23

わ

和集合 171

〈著者略歴〉

伊 庭 斉 志 （いば ひとし）

工学博士
1985 年　　東京大学理学部情報科学科卒業
1990 年　　東京大学大学院工学系研究科情報工学専攻修士課程修了
同　年　　電子技術総合研究所
1996 〜 1997 年　スタンフォード大学客員研究員
1998 年　　東京大学大学院工学系研究科電子情報工学専攻助教授
2004 年〜　東京大学大学院新領域創成科学研究科基盤情報学専攻教授
2011 年〜　東京大学大学院情報理工学系研究科電子情報学専攻教授
　　　　　人工知能と人工生命の研究に従事。特に進化型システム、学習、
　　　　　推論、創発、複雑系、進化論的計算手法に興味をもつ。
　　　　　水中ナチュラリスト（1000 本以上の経験をもつ PADI ダイブマスタ）

〈主な著書〉
『遺伝的アルゴリズムの基礎』オーム社（1994）
『遺伝的プログラミング』東京電機大学出版局（1996）
『Excel で学ぶ遺伝的アルゴリズム』オーム社（2005）
『進化論的計算手法』オーム社（2005）
『複雑系のシミュレーション：Swarm によるマルチ・エージェントシステム』コロナ社（2007）
『C による探索プログラミング』オーム社（2008）
『金融工学のための遺伝的アルゴリズム』オーム社（2011）
『人工知能と人工生命の基礎』オーム社（2013）
『進化計算と深層学習―創発する知能―』オーム社（2015）　第 25 回（2016 年度）大川出版賞受賞
『Excel で学ぶ進化計算―Excel による GA シミュレーション―』オーム社（2016）
『プログラムで楽しむ数理パズル―未解決の難問や AI の課題に挑戦―』コロナ社（2016）
『人工知能の創発―知能の進化とシミュレーション―』オーム社（2017）
『ゲーム AI と深層学習―ニューロ進化と人間性―』オーム社（2018）

●カバーデザイン：トップスタジオ デザイン室（轟木 亜紀子）

- 本書の内容に関する質問は、オーム社書籍編集局「（書名を明記）」係宛に、書状または FAX（03-3293-2824）、E-mail（shoseki@ohmsha.co.jp）にてお願いします。お受けできる質問は本書で紹介した内容に限らせていただきます。なお、電話での質問にはお答えできませんので、あらかじめご了承ください。
- 万一、落丁・乱丁の場合は、送料当社負担でお取替えいたします。当社販売課宛にお送りください。
- 本書の一部の複写複製を希望される場合は、本書扉裏を参照してください。
- JCOPY ＜出版者著作権管理機構 委託出版物＞

深層学習とメタヒューリスティクス
—ディープ・ニューラルエボリューション—

2019 年 11 月 21 日　　第 1 版第 1 刷発行

著　　者　伊庭斉志
発 行 者　村上和夫
発 行 所　株式会社オーム社
　　　　　郵便番号　101-8460
　　　　　東京都千代田区神田錦町 3-1
　　　　　電話　03(3233)0641(代表)
　　　　　URL　https://www.ohmsha.co.jp/

© 伊庭斉志 2019

組版　トップスタジオ　　印刷・製本　三美印刷
ISBN978-4-274-22446-1　Printed in Japan

オーム社の深層学習シリーズ

機械学習の諸分野をわかりやすく解説！
A5判／並製／232ページ／定価（本体2,600円＋税）

自然言語処理と深層学習が一緒に学べる！
A5判／並製／224ページ／定価（本体2,500円＋税）

Chainerのバージョン2で
ディープラーニングのプログラムを作る！
A5判／並製／208ページ／定価（本体2,500円＋税）

進化計算とニューラルネットワークが
わかる、話題の深層学習も学べる！
A5判／並製／192ページ／定価（本体2,700円＋税）

もっと詳しい情報をお届けできます．
◎書店に商品がない場合または直接ご注文の場合も
　右記宛にご連絡ください．

ホームページ　https://www.ohmsha.co.jp/
TEL／FAX　TEL.03-3233-0643　FAX.03-3233-3440

（定価は変更される場合があります）　　上記書籍内で取り上げたサンプルプログラムとデータファイルは、オーム社ホームページよりダウンロードできます。

オーム社の Python 関係書籍

Python による 数値計算とシミュレーション

小高 知宏 著
A5判／208ページ／定価（本体2,500円【税別】）

『C による数値計算とシミュレーション』の
Python 版登場!!

本書は、シミュレーションプログラミングの基礎と、それを支える数値計算の技術について解説します。数値計算の技術から、先端的なマルチエージェントシミュレーションの基礎までを Python のプログラムを示しながら具体的に解説します。
アルゴリズムの原理を丁寧に説明するとともに、Python の便利な機能を応用する方法も随所で示すものです。

《主要目次》
Python における数値計算／常微分方程式に基づく物理シミュレーション／偏微分方程式に基づく物理シミュレーション／セルオートマトンを使ったシミュレーション／乱数を使った確率的シミュレーション／エージェントベースのシミュレーション

《このような方にオススメ！》
初級プログラマ・ソフトウェア開発者／情報工学科の学生など

Python による機械学習入門

機械学習の入門的知識から実践まで、
できるだけ平易に解説する書籍！

株式会社システム計画研究所 編／A5判／248ページ／定価（本体2600円【税別】）

山内 長承 著／A5判／256ページ／定価（本体2500円【税別】）

Python による テキストマイニング入門

インストールから基本文法、ライブラリパッケージの使用方法まで丁寧に解説！

もっと詳しい情報をお届けできます。
◎書店に商品がない場合または直接ご注文の場合も右記宛にご連絡ください。

ホームページ https://www.ohmsha.co.jp/
TEL／FAX TEL.03-3233-0643 FAX.03-3233-3440

（定価は変更される場合があります）

オーム社の図鑑シリーズ

統計学図鑑

栗原伸一・丸山敦史 [共著]
ジーグレイプ [制作]

A5判／312ページ／定価(本体2,500円【税別】)

「見ればわかる」統計学の実践書！

本書は、「会社や大学で統計分析を行う必要があるが、何をどうすれば良いのかさっぱりわからない」、「基本的な入門書は読んだが、実際に使おうとなると、どの手法を選べば良いのかわからない」という方のために、基礎から応用までまんべんなく解説した「図鑑」です。パラパラとめくって眺めるだけで、楽しく統計学の知識が身につきます。

数学図鑑
～やりなおしの高校数学～

永野 裕之 [著]
ジーグレイプ [制作]

A5判／256ページ／定価(本体2,200円【税別】)

苦手だった数学の「楽しさ」に行きつける本！

「算数は得意だったけど、数学になってからわからなくなった」
「最初は何とかなっていたけれど、途中から数学が理解できなくなって、文系に進んだ」
このような話は、よく耳にします。本書は、そのような人達のために高校数学まで立ち返り、図鑑並みにイラスト・図解を用いることで数学に対する敷居を徹底的に下げ、飽きずに最後まで学習できるよう解説しています。

もっと詳しい情報をお届けできます。
◎書店に商品がない場合または直接ご注文の場合も右記宛にご連絡ください。

ホームページ https://www.ohmsha.co.jp/
TEL／FAX　TEL.03-3233-0643　FAX.03-3233-3440

(定価は変更される場合があります)